Wirtschaftliches Ausschneiden von Blechteilen

Von

Dipl.-Ing. Friedr. Schachtel
Fürth i. Bay.

Mit 200 Abbildungen

Springer-Verlag

Berlin / Göttingen / Heidelberg

1958

ISBN-13: 978-3-540-02335-7   e-ISBN-13: 978-3-642-92747-8
DOI: 10.100/978-3-642-92747-8

Vorwort

Über Werkstoffnutzung beim Ausschneiden enthält das Schrifttum schon eine Reihe hervorragender Beispiele aus der Blechverarbeitung. Eine weit größere Hilfe bieten die Regeln über den Flächenschluß. Sie geben nicht nur eine integrale Übersicht für das Abschneiden ohne Abfall, sondern sind die wichtigste wissenschaftliche Grundlage für abfallarmes Schneiden jeder Art, auch für das Ausschneiden mit Gitter. In diesem Falle bestimmen sie allerdings nicht immer eindeutig die günstigste Anordnung. Als Ergänzung zum Flächenschluß wurde für die Entscheidungen der Praxis das Gesetz vom Gitterquadrat ermittelt und der Einfluß von Vorschubdifferenzen bei den einzelnen Verfahren für die äußere Form und innere Vorlochungen untersucht. Die theoretischen Grundlagen sind aber knapp gehalten, da keinesfalls ein Lehrbuch, insbesondere auch keines über den Flächenschluß, entstehen sollte. Vielmehr wollen zahlreiche Beispiele aus der Praxis, ihre Ordnung nach häufig vorkommenden Formen, die Gegenüberstellung verschiedener Möglichkeiten, die Berechnungsgrundlagen hierfür und Angaben über den Schneidgrat Anregungen bieten und die richtige Wahl erleichtern. Wiederholungen sind hierdurch leider nicht zu vermeiden. Das Buch dürfte aber so am besten dem Konstrukteur und Werkzeugmacher als Nachschlagewerk bei der täglichen Berufsarbeit dienen.

Den Autoren und Forschern, insbesondere Herrn Dr. H. HEESCH, Kiel, danke ich für die Förderung dieses Teilgebietes der Stanzerei und für manche persönliche Anregung. Herr ERNST STROBEL, Fürth i. Bay., hat mir große Dienste beim Überlesen des Manuskriptes und der Korrektur erwiesen. Dank gebührt auch dem Springer-Verlag für seine tatkräftige Unterstützung und Ausstattung dieses Buches.

Fürth i. Bay., im Oktober 1957

F. Schachtel

Inhaltsverzeichnis

I. Die Wirtschaftlichkeit der Werkstoffnutzung

Die Summe der Werkstoff-, Lohn-, Sonder- und Gemeinkosten ergibt die Gesamtkosten eines industriellen Erzeugnisses. Ein Minimum an Einzelkosten führt natürlich zu dem erstrebten Minimum an Gesamtkosten. Bei der industriellen Fertigung liegen die Verhältnisse nicht immer so einfach. Manchmal gehen zwar Kostensenkungen Hand in Hand. Ein Doppelschnitt z.B. mindert den Verbrauch von Werkstoff und Arbeitszeit zugleich. Häufig aber bedingen Ersparnisse an einer Stelle einen Mehraufwand an einer anderen, z.B. erhöhte Werkzeugkosten des Doppelschnittes, wenn er nicht aufgebraucht wird. Die Ermittlung der niedrigsten Gesamtkosten kann sich zeitraubend und schwierig gestalten. Sie erfordert verschiedenartige Überlegungen und sorgfältigstes Abwägen, das sich nicht allein auf wissenschaftliche Erkenntnisse und praktische Erfahrungen stützen kann, sondern die Marktlage für Rohstoffe, Arbeitskräfte und Absatz berücksichtigen muß, vielleicht sogar deren Entwicklungstendenz in Betracht zieht. Für eine Entscheidung, die von innerbetrieblichen Voraussetzungen, Standortgegebenheiten und sogar Zeitumständen abhängt, lassen sich keine Regeln aufstellen, sondern nur Anhaltspunkte angeben.

Die *Werkstoffnutzung* fällt besonders ins Auge und Erfahrung und Wissenschaft schufen Berechnungsgrundlagen hierfür. Diese Hauptfragen werden in besonderen Abschnitten behandelt. Ebenso ihr Einfluß auf die Fertigung und Güte der Erzeugnisse. Im Rahmen der wirtschaftlichen Betrachtungen darf auf die tatsächlichen Auswirkungen von Ersparnissen hingewiesen werden. Bei hochwertigen Werkstoffen wirkt sich eine Gewichtseinsparung kostenmäßig besonders stark aus. Hierbei soll aber auch der Erlös aus den Abfällen nicht unerwähnt bleiben, zumal oft durch Umarbeitung eine besonders günstige Verwertung erzielt wird.

Ein Beispiel mag die Bedeutung von Einsparungen bei Mangelerscheinungen beleuchten. Die Verbesserung der Werkstoffnutzung von 26% bei Abb. 83 wurde zuzeiten der Materialbewirtschaftung erzielt. Damals hing der Ausstoß der Betriebe oft von der Höhe der Werkstoffzuteilung ab. Die Abfallminderung ermöglichte also eine Umsatzsteigerung, deren Bedeutung den Wert der Materialersparnis weit übertraf, zugleich ein Beweis für den Einfluß von Zeitumständen.

Lohnaufwand und Werkstoffnutzung stehen oft miteinander in Wechselbeziehungen, worauf später eingegangen wird. An dieser Stelle sei nur ein Fall behandelt.

Die automatische Fertigstellung von Einzelteilen in Folgewerkzeugen bedingt zuweilen eine bestimmte Anordnung im Streifen, die keine Rücksicht auf geringsten Werkstoffverbrauch nimmt. Eine aus diesem Grunde erwünschte Schräglage oder Mehrfachanordnung wird häufig durch die im Werkzeug mit durchgeführten Biege-, Zieh- und Rollvorgänge ausgeschlossen. Aber die Ersparnisse an Arbeitszeit übersteigen meist den Mehrverbrauch an Werkstoff erheblich. Kleinstteile erzwingen geradezu die Fertigstellung vom Band oder Streifen weg, ohne Rücksicht auf den Werkstoffverbrauch. Das Einlegen solcher „Miniaturausgaben" mit der Pinzette erfordert bei einer unterteilten Fertigung einen Zeitaufwand, der wohl nur in den seltensten Fällen durch Einsparungen bei Material wettgemacht werden kann.

Die Werkzeugkosten als *Sonderkosten* beeinflussen vor allem bei kleineren Mengen den Gesamtaufwand. In diesem Falle wird man auf eine Verbesserung der Werkstoffnutzung verzichten, wenn nur deswegen neue Werkzeuge erstellt werden müßten, und die vorhandenen Werkzeuge erst aufbrauchen, obwohl sie ständig Verluste und Ärger veranlassen. Bei einer Massenfertigung scheidet ein solches Vorgehen aus und ein ungünstig angelegtes Werkzeug wird am besten sofort ersetzt. Bisweilen wird aber selbst bei Neueinrichtungen ein größerer Abfall in Kauf genommen, um mit einem Zuschnitt mehrere Größen eines Artikels bewäl-

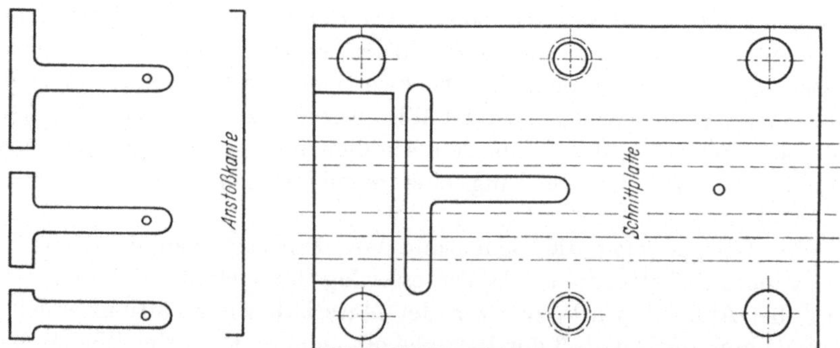

Abb. 1. Verzicht auf Werkstoffnutzung zwecks Ersparnis von Werkzeugkosten. Ein gemeinsames Werkzeug für mehrere Größen bei geringen Stückzahlen

tigen zu können und durch breite oder schmale Streifen oder durch nachträgliche Kürzungen verschiedene Abmaße oder rechte und linke Teile zu erzielen.

Nicht nur Ersparnisse an Kosten für Werkzeuge, sondern auch an Arbeitszeit und damit frühere Liefermöglichkeit bietet hierfür Anlaß.

Besonders als vorübergehender Behelf empfiehlt sich dieses Verfahren, in dem zuerst das Werkzeug für die größte Abmessung einer Typenreihe erstellt wird und hierauf zunächst alle Größen zugeschnitten und dann nachgearbeitet werden. Die Werkzeuge für die kleineren Sorten werden dann allmählich nachgeschoben. Hierbei muß natürlich der Konstrukteur versuchen, bei allen Größen mit denselben Einzelheiten, z.B. Abrundungen, auszukommen, um Nacharbeit zu vermeiden.

Die Kosten der Werkzeugherstellung lassen sich auch durch die Form der Schnitteile beeinflussen. Geschweifte und unregelmäßige Umrißlinien verteuern die Herstellung der Schnitte, gerade Kanten und Kreisbogen sind daher vorzuziehen. Scharfe Ecken und spitze Winkel erhöhen durch ihre Kerbwirkung die Bruchgefahr beim Härten und beim Gebrauch der Werkzeuge. Eckenabrundungen wähle man möglichst einheitlich [23].

Bei Mehrfachschnitten unterschiedlicher Teile birgt die Änderung eines Teiles Gefahren für das Gesamtwerkzeug (S. 28). Bei Mehrfachschnitten gleicher Teile erfordert die Herstellung völlig kongruenter Formen erhöhte Sorgfalt und Zeitaufwand. So gleicht die Werkstoffersparnis der Mehrfachanordnung nicht immer die Mehrkosten des Werkzeuges aus. Mehrfachanordnung bei Tafelblech kommt oft erst durch Verwendung von Zickzackpressen voll zur Geltung.

Auf die *Gemeinkosten* wirkt sich eine selbstgewählte Versorgungslage aus. Die Lagerhaltung einer beschränkten Zahl von Normgrößen bei Tafelblechen und besonders von Bändern kann wirtschaftliche Vorteile bieten, die ein Überschreiten der Mindestbreite und somit Mehraufwand voll rechtfertigen.

Werden z.B. für zwei Fertigungen die Bänderabmessungen 66 · 1,5 und 67 · 1,5 errechnet, verringert die Beschaffung der einheitlichen Abmessung 67 · 1,5 den Kapitalaufwand für Bevorratung oder durch Mengenrabatte und dgl. In einem anderen Falle erforderten Streifen 49 · 0,2 und 52 · 0,2 bei dem geringen Gewicht je Quadratmeter den Einkauf von Tafelblech. Die Verwendung von 52 · 0,2 in beiden Fällen ermöglichte den Bezug von Bandmaterial und hierdurch Zeitersparnisse in der Fertigung ohne Erhöhung des Werkstoffverbrauches, da die Anschnitt- und Reststreifenverluste der Blechtafeln entfielen. In der Verwertung von Resten bei einer anderen Fertigung bieten sich natürlich auch Gelegenheiten, worauf später eingegangen wird.

II. Der Flächenschluß

Als Flächenschluß gilt die lückenlose regelmäßige Zerlegung der Ebene in lauter kongruente Einzelstücke. Seit dem *Skarabäus* der alten Ägypter (Abb. 145 c) wurden viele Einzellösungen bekannt und z. B. von W. Ostwald [*38–41*] zusammengestellt. Der entscheidende Abschluß glückte Dr. H. Heesch im Jahre 1932 mit seinem Vollständigkeitsbeweis [*78*]. Er gab damit die Lösung einer mathematischen Frage [*77*], die für jegliche Aufteilung von Gesamtflächen oder Streifen grundlegend ist. Auch der Stanzereitechnik und dem Brennschneiden wird mit diesem Ergebnis die wissenschaftliche Grundlage für die günstigste Werkstoffnutzung geboten, die Prof. Dr.-Ing. Kienzle wesentlich förderte.

Das Punktnetz hat W. Ostwald als Grundlage für die Entwicklung vieler Formen gewählt. Es besteht aus den Eckpunkten verschiedener Vielecke. Wie von selbst bietet sich hier die Anordnung der Eckpunkte des Parallelogrammes dar, denn diese geometrische Figur überdeckt zweifellos am anschaulichsten die Ebene lückenlos einfach. Hieraus lassen sich folgende Schlüsse ziehen, welche in der Praxis leicht ausgewertet werden können. Flächenschluß ergibt sich für alle Dreiecke, alle Vierecke, regelmäßige Sechsecke und Sechsecke mit drei gleichen parallelen Seitenpaaren [*91*] (Abb. 2–4). Dies ist leicht einzusehen. Zwei kongruente, sonst aber beliebige Dreiecke lassen sich immer zu einem Parallelogramm zusammenfügen. Jedes beliebige Viereck zerfällt durch die Diagonale in zwei Dreiecke mit einer gleichen Seite. Zwei kongruente Vierecke ergeben somit immer zwei Paar kongruente Dreiecke und damit zwei Parallelogramme mit einer gemeinsamen Seite. Die erwähnten Sechsecke können durch mindestens eine Diagonale in zwei kongruente Vierecke zerlegt werden. Die Mathematik geht allerdings von anderen Gesichtspunkten aus. Sie kennt 11 verschiedene Netze, die durch den Zyklus der Verzweigungszahlen gekennzeichnet sind und ebenfalls aus Drei-, Vier-, Fünf- und Sechsecken aufgebaut sind.

Verbindet man in einem geeigneten Punktnetz die Punkte durch Strecken, so entsteht die Grundfigur aus der das Netz aufgebaut ist. Die Ebene wird also zerlegt, ohne hierdurch einen Fortschritt zu erzielen. Es galt nun, jene Gesetze zu finden, durch die auch nicht geradlinige Verbindungen der Punkte eine lückenlose Überdeckung der Ebene ergeben. Hierfür gibt es insgesamt 28 Grundtypen; jeder Typ mit unendlichen Variationsmöglichkeiten.

a) Punktnetze

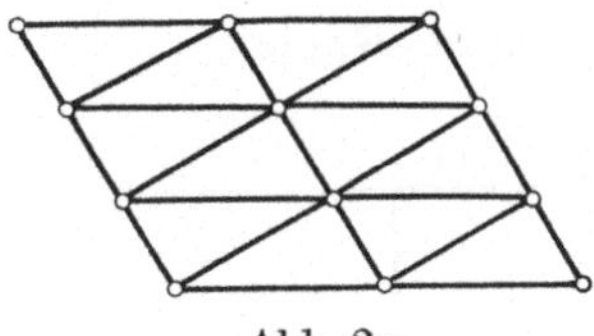

Abb. 2 a

beliebiges Dreieck

Zwei kongruente — sonst aber beliebige — Dreiecke ergeben ein Parallelogramm.

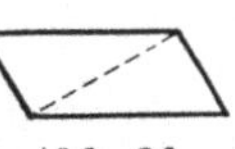

Abb. 2 b

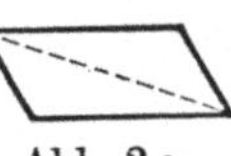

Abb. 2 c

beliebiges Viereck

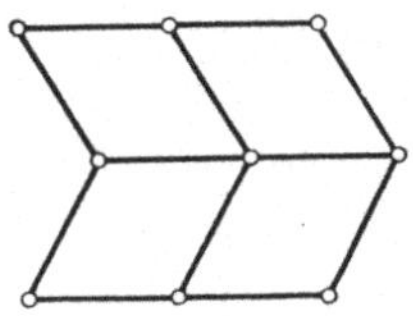

Abb. 3 a

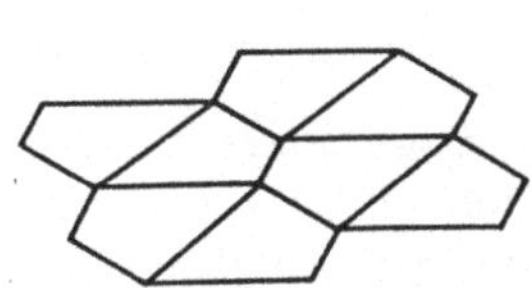

Abb. 3 b

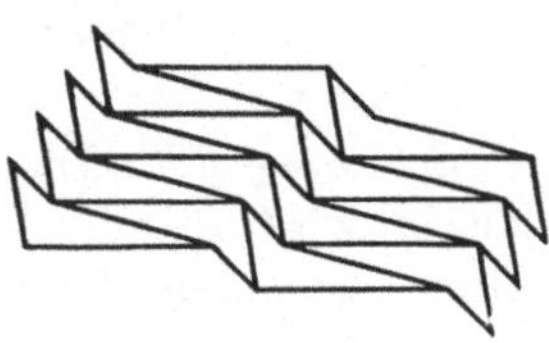

Abb. 3 c

Sechsecke mit gleichen und parallelen Gegenseiten lassen sich in zwei kongruente Vierecke zerlegen, die durch Drehung einander decken.

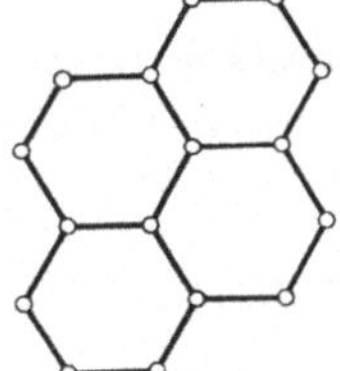

Abb. 4 a

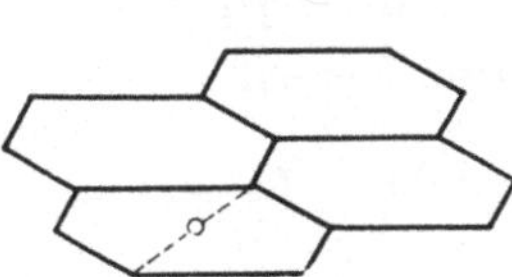

Abb. 4 b

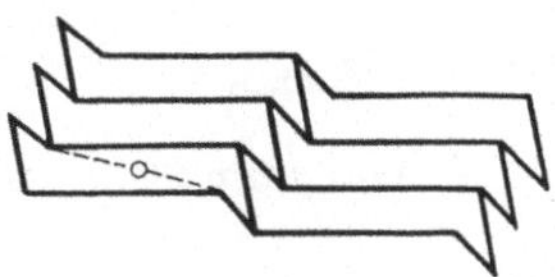

Abb. 4 c

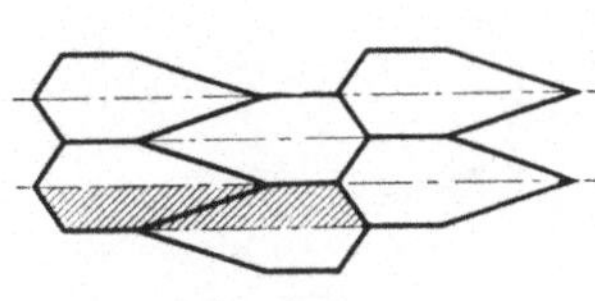

Abb. 4 d

Sechsecke mit Symmetrieachse, brauchbare Typen, zwei benachbarte Hälften ergeben ein Parallelogramm.

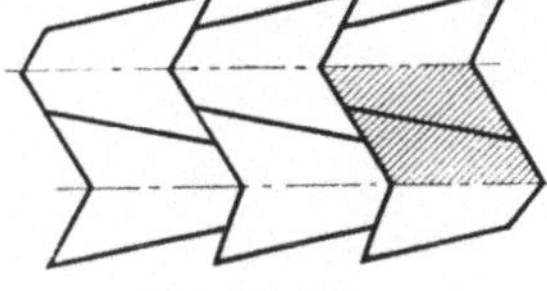

Abb. 4 e

Sechsecke mit Symmetrieachse, unbrauchbare Typen, //// Abfälle.

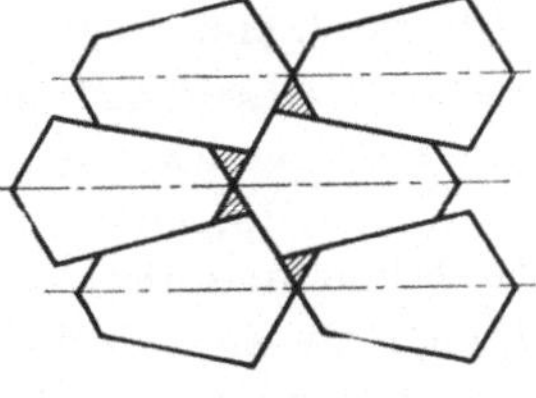

Abb. 5 a

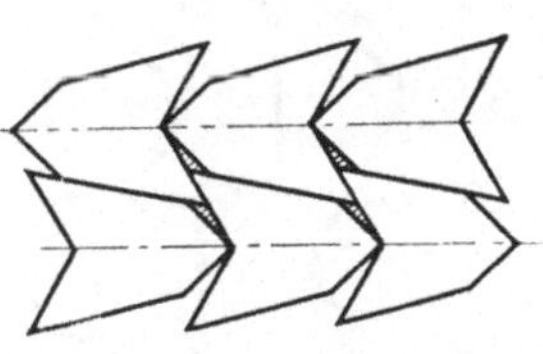

Abb. 5 b

b) Grundlagen für Flächenschluß nach Heeschtypen

Neutrale N bezeichnet bei Bändern oder Streifen die Kante.

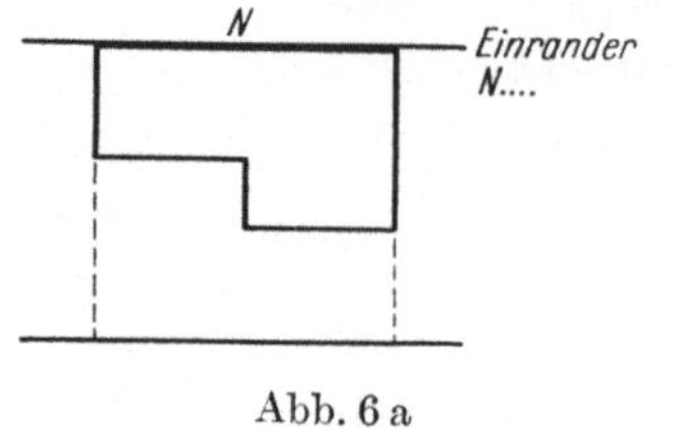

Abb. 6 a

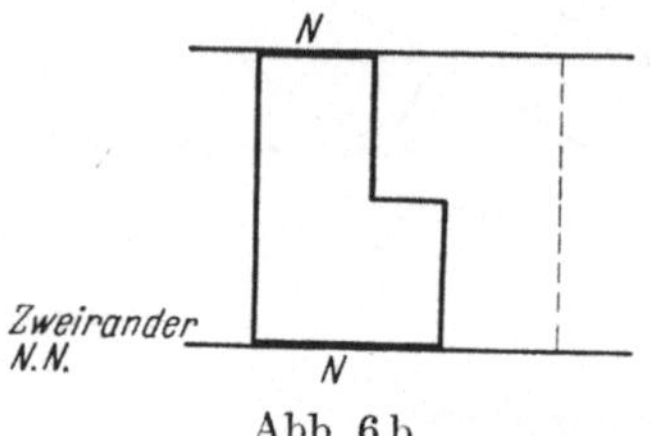

Abb. 6 b

Schiebung TT. Die Grundlage bildet das Parallelogramm $ABB'A'$. Hierin wird A mit B durch eine *willkürliche* (= beliebig geformte) Linie verbunden. Diese Linie wird in die neue Lage $A'B'$ verschoben

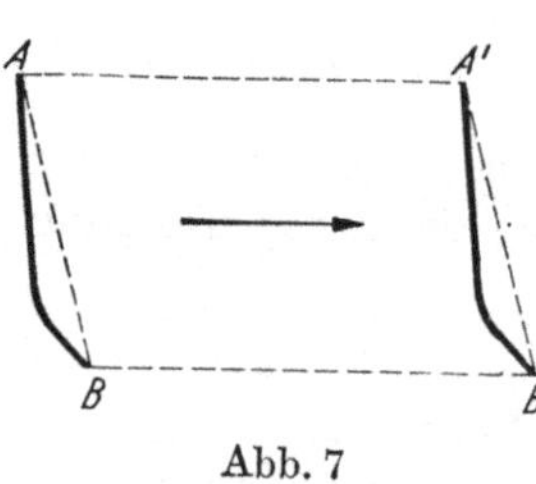

Abb. 7

und erhält deswegen die Bezeichnung T- (= Translation) Linie. T-Linien treten stets als Paar auf, das nicht aneinandergrenzen kann. Wird auch AA' durch eine andere willkürliche Linie verbunden und diese nach BB' verschoben, entsteht der weitverbreitete HEESCHtyp TTTT, der aus zwei Linienpaaren besteht.

Drehung um $60° = C_6C_6$, um $90° = C_4C_4$, um $120° = C_3C_3$.

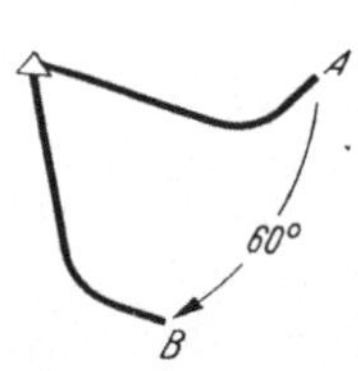

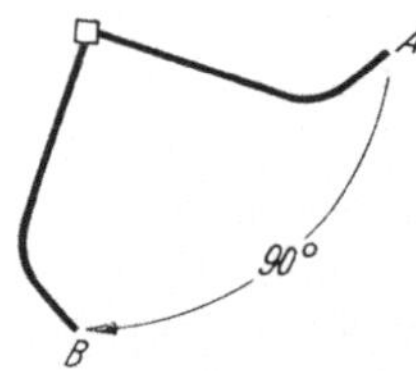

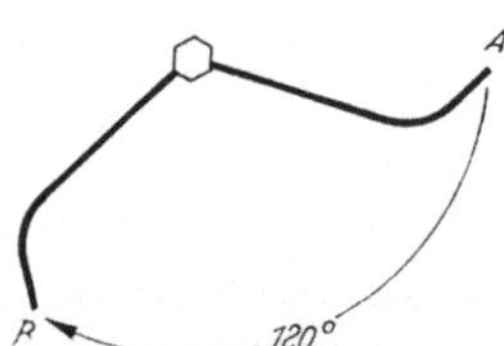

Drehlinie C. Halbiert man die Strecke AB, so ergibt der Mittelpunkt M den Drehpunkt. Nun kann die Entfernung AM durch eine willkürliche Linie überbrückt werden. Diese wird mit M als Drehpunkt um 180° geschwenkt, so daß A nach B wandert. Der Linienzug AB führt den Namen Drehlinie und tritt einzeln auf. Mehrere C-Linien in einem HEESCHtyp können also verschieden sein, auch als Gerade auftreten.

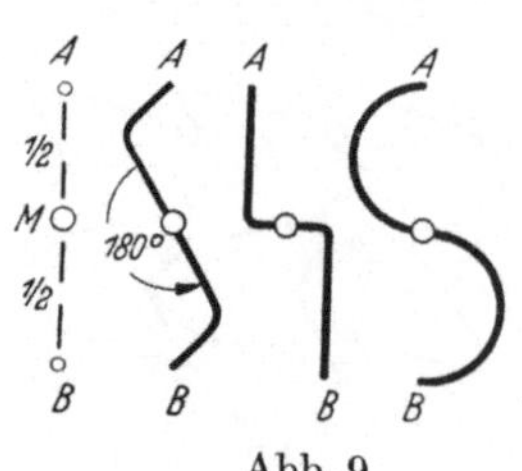

Abb. 9

Gleitspiegelung auf Anschluß G. G.

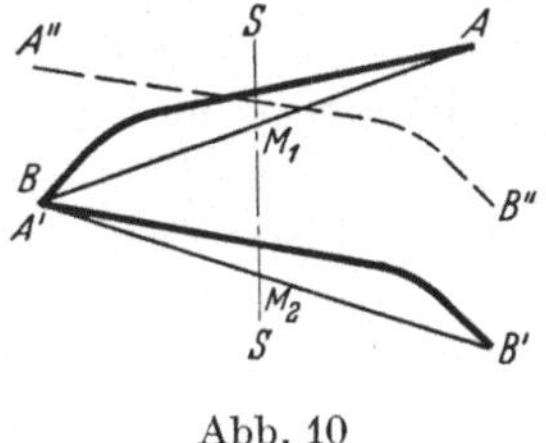

Abb. 10

Die Grundlage bildet ein gleichschenkeliges Dreieck ABB'. Der Punkt A' fällt mit B zusammen. Die Verbindungslinie der Mitten M_1 und M_2 ergibt die Spiegellinie S. Die willkürliche Linie AB wird an S gespiegelt und so entsteht $A''B''$. Diese Spiegelung gleitet in die Lage $A'B'$.

Gleitspiegelung G. G.

Die willkürliche Linie AB kann durch Gleitspiegelung in die neue Lage $A'B'$ überführt werden, wobei A nach A' und B nach B' wandert, vorausgesetzt, daß die Strecken AB und $A'B'$ gleich sind. Hierzu wird

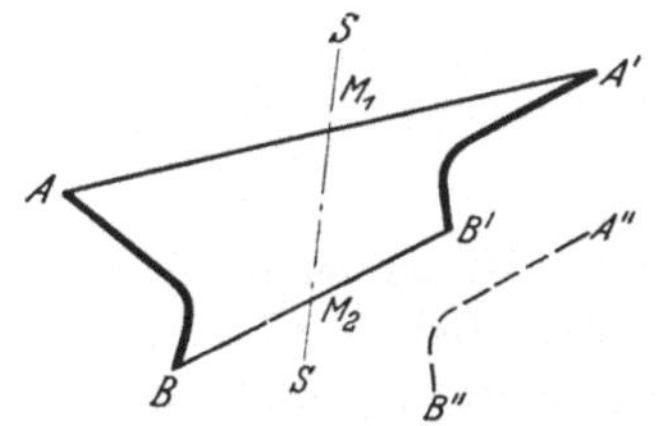
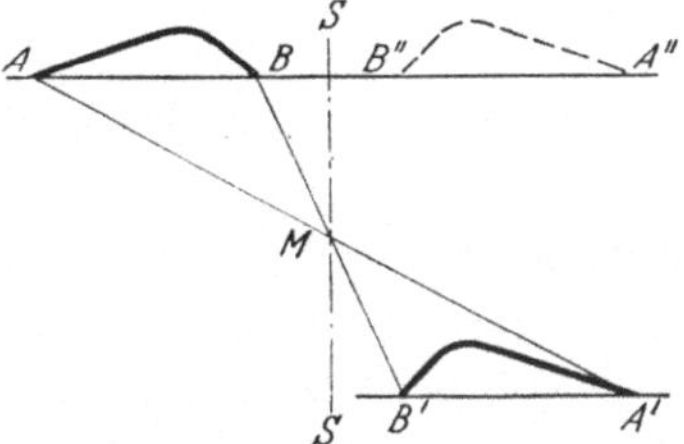

Abb. 11a u. b

AA' in M_1 und BB' in M_2 halbiert. Die Verbindungslinie M_1M_2 ergibt die Gleitspiegelachse S. Durch Spiegelung an ihr gewinnt man zunächst $A''B''$ als Spiegelbild von AB. Diese Spiegelung gleitet parallel zur Achse S in die endgültige Lage $A'B'$ (Abb. 11a).

Liegt die Gerade AB parallel zur Geraden $A'B'$, so fällt M_1 und M_2 zusammen. Die Gleitspiegelachse S ist in diesem Falle die Senkrechte zu den Parallelen AB und $A'B'$ im Punkte M (Abb. 11b).

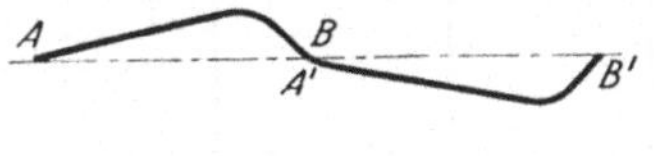

Abb. 12a. Die vier Punkte A, $B = A'$ und B' liegen auf derselben Geraden

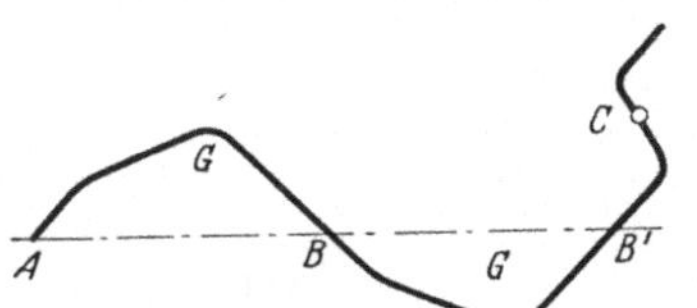

Abb. 12b. Stetiger Anschluß. Am Anschlußpunkt gehen zwei Linien stetig, also ohne Knick, ineinander über. Dies ist für alle Linienarten möglich. Zum Beispiel GG bei B und GC bei B' (s. a. S. 8/9)

c) Entstehung des Heeschtyps TCCTCC

Die Grundlage bildet das Parallelogramm $ABB'A'$. A wird mit B durch eine willkürlich gestaltete Linie verbunden. Diese wird um den Betrag a nach $A'B'$ verschoben T..T... Nun werden die Punkte D und E gewählt. Jeder dieser Punkte kann innerhalb oder außerhalb des Parallelogramms $ABB'A'$ liegen, nur nicht im schraffierten Nachbarbereich von

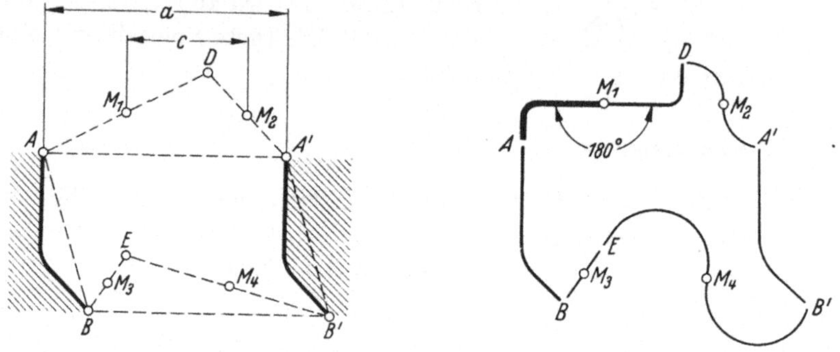

Abb. 13 a u. b

AB und $A'B'$. Die Halbierung der Strecken AD, $A'D$, BE und $B'E$ gibt die Mittelpunkte M_1, M_2, M_3 und M_4 der Drehlinien (C). Es ergibt sich die Entfernung $M_1M_2 = M_3M_4 = c = a/2$. Bei der Drehlinie AD kann der Linienzug AM_1 willkürlich gestaltet werden und wird dann um 180° in die Lage DM_1 gedreht. Ebenso entstehen $A'D$, BE und $B'E$. Die vier Drehlinien können also unterschiedliche Gestalt aufweisen, auch als Gerade (BE) erscheinen. Typ TCCTCC gibt Flächenschluß in der Ebene. Bei der endlichen Ausdehnung der Blechtafeln und Bänder ergeben sich Randverluste.

Die grundsätzlichen Möglichkeiten des HEESCHtyps TCCTCC

D und E außerhalb $ABB'A'$	D außerhalb E innerhalb $\Big\}$ $ABB'A'$	D und E innerhalb $ABB'A'$

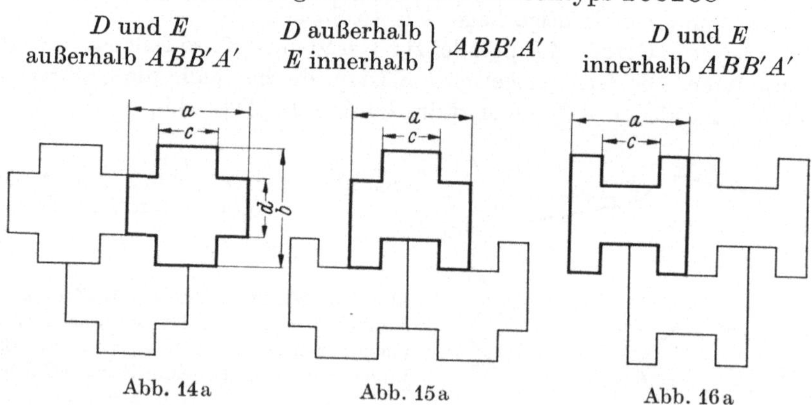

Abb. 14a   Abb. 15a   Abb. 16a

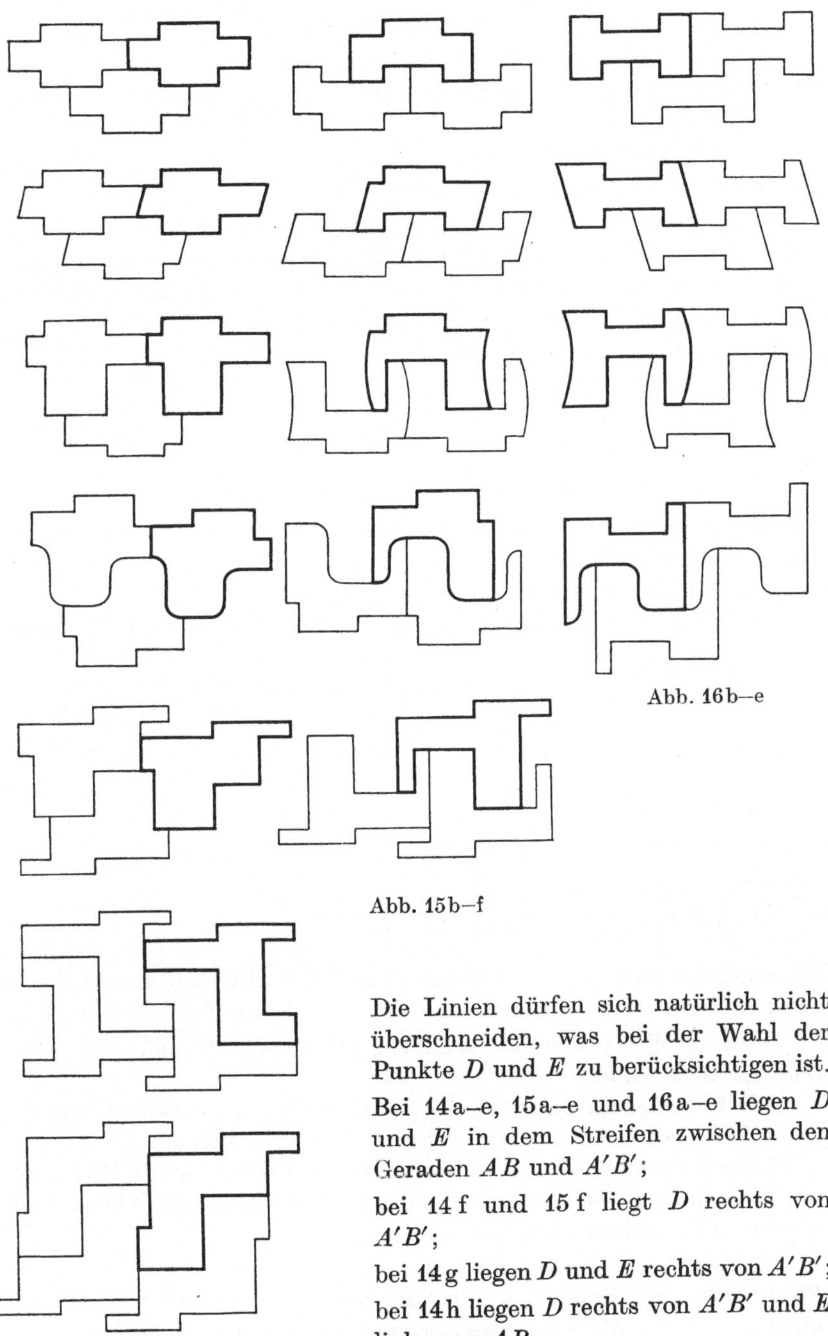

Abb. 16 b—e

Abb. 15 b—f

Abb. 14 b—h

Die Linien dürfen sich natürlich nicht überschneiden, was bei der Wahl der Punkte D und E zu berücksichtigen ist.

Bei 14 a—e, 15 a—e und 16 a—e liegen D und E in dem Streifen zwischen den Geraden AB und $A'B'$;

bei 14 f und 15 f liegt D rechts von $A'B'$;

bei 14 g liegen D und E rechts von $A'B'$;

bei 14 h liegen D rechts von $A'B'$ und E links von AB.

Die Grundlagen für den Flächenschluß bilden:

1. die Verlagerungsmöglichkeiten einer Linie,
das sind Schiebung, Drehung und Drehlinie, Gleitspiegelung einschließlich Spiegelung;
2. die willkürliche Linie und
3. bei Streifen die Neutrale (Abb. 6–12).

Schiebung und Drehung ergeben kongruente Figuren. Die Gleitspiegelung führt zu zwei spiegelbildlich kongruenten Formen, also linken und rechten Teilen, was beim Ausschneiden mit Gitter wegen der unterschiedlichen Gratseite Bedeutung erlangen kann.

Grundtypen:		
mit Schiebung allein		2
mit Drehung allein		11
mit Gleitspiegelung allein		2
mit Schiebung und Drehung		3
mit Schiebung und Gleitspiegelung		3
mit Drehung und Gleitspiegelung		5
mit Schiebung und Drehung und Gleitspiegelung	2	

Für Streifen und Bänder liegen 5 Zweirander und 7 Einrander vor. Die Entstehung eines HEESCHtyps (Grundtyp) und seine vielseitigen Anwendungsmöglichkeiten zeigen die Abb. 13–16. Viele Flächenschlußformen lassen sich aber nicht nur unter einem, sondern unter mehrere Grundtypen einreihen, dies gilt vor allem für symmetrische Formen. Die Abkürzungen für die Verlagerungsmöglichkeiten aus der eine Form zusammengesetzt wird, werden im Sinne des

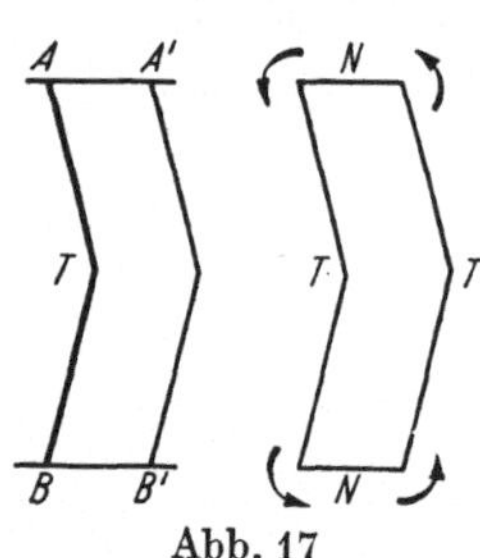

N Neutrale AA' Streifenkante,
T willkürliche Linie AB, die verschoben wird,
$N\,BB'$,
T verschobene Linie $B'A'$,
ergibt HEESCHtyp NTNT

Abb. 17

Uhrzeigers oder im Gegensinne, also zyklisch fortschreitend aus der Zeichnung entnommen und ergeben aneinandergereiht die Typenbezeichnung.

1. Unmittelbare Anwendung finden Flächenschlußformen beim abfallosen Abschneiden.

2. Bei Flächenschlußformen der Ebene kommt man auch im Streifen durch Mehrfachanordnung mit niederen Randverlusten aus.

3. Beim Ausschneiden mit Gitter sinkt der Verlust auf ein Minimum, wenn die Mittellinien des Gitters eine Flächenschlußform bilden, doch sind zuweilen mehrere Anordnungen möglich.

Die Regeln bilden somit die wissenschaftliche Grundlage für die beste Flächennutzung. Ergänzt werden sie durch das Gesetz vom Gitterquadrat, welches die günstigste Anordnung bestimmt.

III. Randverluste bei Flächenschlußformen

Flächenschlußformen ergeben immer eine lückenlose Aufteilung der unbegrenzten Ebene. Bei den endlichen Abmessungen der Blechtafeln, Streifen und Bänder treten jedoch meist Randverluste an den beiden Seiten und am Anfang und Ende auf. Diese können durch Auswahl einer geeigneten Tafelgröße oder Bandbreite auf ein Mindestmaß eingeschränkt, aber selten ganz vermieden werden.

Die *Reststreifen* und die Verluste hieraus sollen gesondert und zuerst behandelt werden. Bei Anordnung der Ausschnitte in vielen Reihen nebeneinander lassen sich Blechtafeln und Bänder mit Mindestbreiten sowie Mindestlängen errechnen und bei genügendem Bedarf auch beschaffen. Diese seien als reduzierte Tafelgrößen und Bandbreiten bezeichnet. Bei ihnen berühren die Seitenkanten der Blechtafel oder des Bandes die äußersten Punkte der Flächenschlußform, so daß die erste und letzte Reihe vollständige Teile ergibt. Für die zeichnerische Ermittlung geeigneter Tafelgrößen wird eine größere Fläche mit den Flächenschlußformen bedeckt und darüber ein Pauspapier mit Tafelgrößen gelegt. Dabei genügt es, die Fläche mit dem Netz zu bedecken das der Flächenschlußform zugrunde liegt, und zunächst nur in der obersten Reihe die Form selbst einzuzeichnen und an Hand des Netzes die voraussichtliche unterste Reihe, gegebenenfalls mehrere, zur Auswahl festzustellen. In diesen wird nun die Flächenschlußform nachgetragen. Für eine mathematische Berechnung der reduzierten Tafelgrößen und Bandbreiten enthält der Bildteil bei den einzelnen Formen Hinweise und Formeln (insbesondere s. S. 69). Bei handelsüblichen Tafelgrößen ergeben sich demgegenüber Reststreifen, welche nur Schrottwert besitzen, zuweilen aber genutzt werden können. Zum Beispiel ergibt oft die senkrechte Anordnung eines Ausschnittes in der (reduzierten) Tafel die beste Nutzung und ist daher zu wählen. Dabei ergibt sich aber ein Reststreifen, der für die senkrechte Lage zu schmal ist. Er läßt aber eine bescheidene Nutzung noch zu, wenn in ihm die Teile schräg oder waagerecht angeordnet werden. Diese Möglichkeit ist beim Brennschneiden beachtenswert, hat aber für die Stanzerei geringere Bedeutung. Dagegen werden in der Blechindustrie Reststreifen häufig für andere Kleinteile verwertet. Dies ist nach Lage des Einzelfalles zu entscheiden.

Der *Anfangs- und Endverlust* je Streifen beträgt für die Doppelreihe 1–2 Stück bei versetzter Anordnung und 0–2 Stück bei nicht versetzter Anordnung. Bei kurzen Streifen oder Tafeln kann er Bedeutung erlangen, was bei Bändern großer Länge kaum der Fall ist.

a) Seitliche Randverluste

(ohne Reststreifen und ohne Anfangs- und Endverluste)

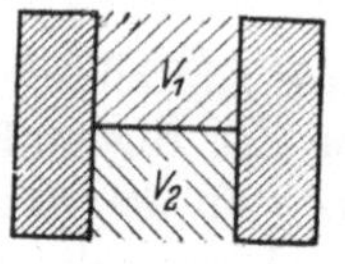

Abb. 18a

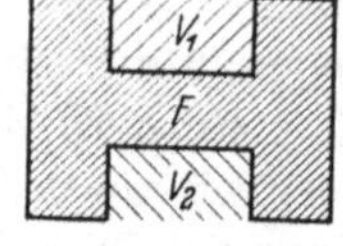

Abb. 18b

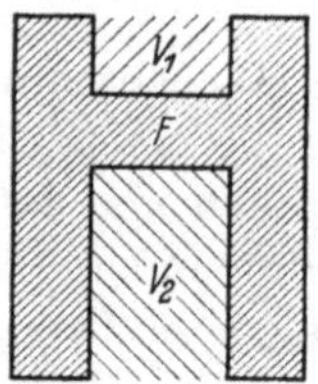

Abb. 18c

$$V_1 + V_2 \lessgtr F$$

$$\frac{V_1}{F} = \tau_1 = \frac{1}{2} \qquad \frac{V_1}{F} = \tau_1 = \frac{1}{4} \qquad \frac{V_1}{F} = \tau_1 = \frac{1}{6}$$

$$\frac{V_2}{F} = \tau_2 = \frac{1}{2} \qquad \frac{V_2}{F} = \tau_2 = \frac{1}{4} \qquad \frac{V_2}{F} = \tau_2 = \frac{1}{2}$$

$$\frac{V_1 + V_2}{F} = \tau_1 + \tau_2 = \frac{2}{2} \qquad \frac{V_1 + V_2}{F} = \tau_1 + \tau_2 = \frac{2}{4} \qquad \frac{V_1 + V_2}{F} = \tau_1 + \tau_2 = \frac{2}{3}$$

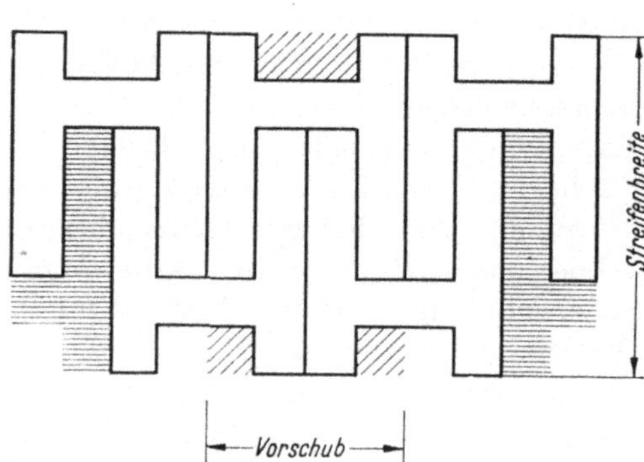

Gerade Reihenzahl n

$$\frac{V_1}{F} = \tau_1 \qquad \frac{2\,V_1}{F} = 2\,\tau_1$$

$$\eta_{\text{lfd.}} = \frac{n\,F}{n\,F + 2\,V_1} = \frac{n}{n + 2\,\tau_1}$$

Anfangs- + Endverlust

$$\equiv\ = 0,5\,n\,F$$

je Streifen.

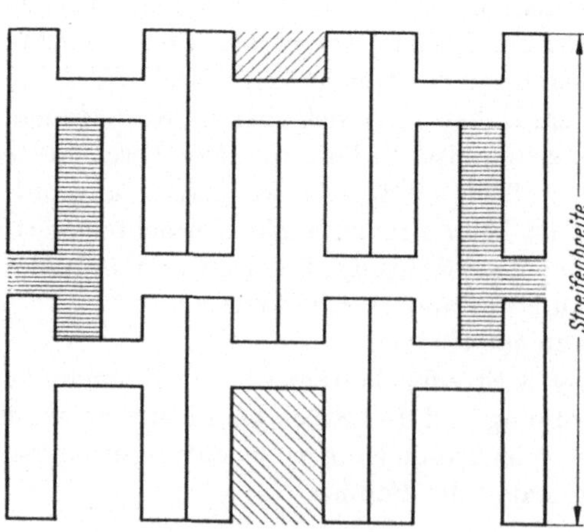

Ungerade Reihenzahl n

$$\frac{V_1 + V_2}{F} = \tau_1 + \tau_2$$

$$\eta_{\text{lfd.}} = \frac{n\,F}{n\,F + V_1 + V_2}$$

$$= \frac{n}{n + \tau_1 + \tau_2}$$

Anfangs- + Endverlust

$$\equiv\ = 0,5\,(n - 1)\,F$$

je Streifen.

Gültig für alle Flächenschlußformen.

Abb. 19a u. b

b) Laufender Nutzungsgrad je Vorschub in Prozenten

(ohne Berücksichtigung der Verluste am Anfang und Ende des Bandes) in Abhängigkeit von der Anzahl der Reihen für verschiedene $\tau_1 + \tau_2$.

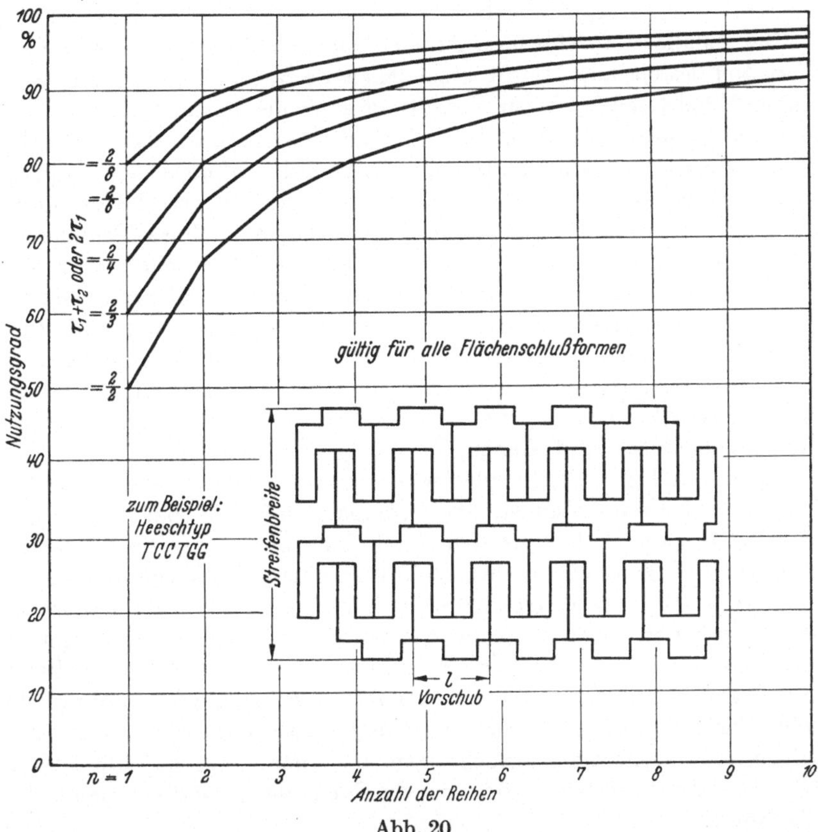

Abb. 20

Aus dem Diagramm kann der laufende Nutzungsgrad für alle Flächenschlußformen bei Bändern entnommen werden. Die Doppelreihe verbessert die Nutzung gegenüber der Einfachreihe wesentlich. Mit steigender Reihenzahl verflachen die Ersparnismöglichkeiten, so daß sich die höheren Werkzeugkosten nicht immer lohnen. Bei Bändern spielt der Verlust am Anfang und Ende meist keine Rolle, bei Streifen muß er gesondert ermittelt werden. Er beträgt je Doppelreihe 1–2 Stück. Im Beispiel beträgt $V_1/F = \tau_1 = 1/6$ und $V_2/F = \tau_2 = 1/2$ also $2\tau_1 = 2/6$ und $\tau_1 + \tau_2 = 2/3$. Die Nutzung wechselt also zwischen den Linien $\tau_1 + \tau_2 = 2/3$ für ungerade Reihenzahl und $2\tau_1 = 2/6$ für eine gerade Anzahl von Reihen.

IV. Gitterverluste

a) Gründe für das Ausschneiden mit Gitter

Das abfallose Abschneiden ist seit langem bekannt und nutzt den Werkstoff bestens aus. Hierfür erschließen die Regeln über den Flächenschluß Möglichkeiten, deren Beachtung auch hier nachdrücklichst betont, ja gefordert sei. Dennoch wird *das Ausschneiden mit Gitter* in Stanzereibetrieben sehr häufig angewandt und *wird auch niemals ganz aufgegeben werden.* Es bietet nämlich trotz des Gitterverlustes unter Umständen wirtschaftliche Vorteile gegenüber dem abfallosen Schneiden.

Bei Flächenschlußformen lassen sich spitze Winkel nicht immer vermeiden. Der geringe Werkstoffverlust beim Abrunden solcher Ecken ist auch völlig belanglos, nicht immer aber der Arbeitsaufwand hierfür. Beim Brennschneiden bestehen hier keine Schwierigkeiten, dagegen in der Stanzerei. Entweder erfordert Nacharbeit einen zusätzlichen Lohnaufwand oder Vorlocher formen diese Stellen vor und erhöhen die Gefahr von Ungenauigkeit und Ausschuß.

Beim abfallosen Abschneiden wird von einer Platine höchstens der halbe Umriß beim ersten Stempelniedergang geformt; sodann muß der Werkstoff vorgeschoben werden. Erst der zweite oder noch spätere Schnitt vollendet die Form des ersten Werkstückes und beginnt zugleich das zweite. Bei dieser Arbeitsweise hängt die Genauigkeit des Werkstückes von der Gleichmäßigkeit des Vorschubes ab, die zwar bei guten Automaten, nie aber beim Vorschieben von Hand gewährleistet ist. Beim Ausschneiden mit Gitter dagegen erhält der ganze Umfang auf einmal seine Form. Geringe Vorschubungenauigkeiten wirken sich nur auf das Gitter und eventuelle Vorlochungen aus, nicht aber auf die äußere Werkstückform. Daher gilt das Ausschneiden mit Gitter als das genauere Verfahren.

Ob nun die Unterschiede wirklich entscheidend sind, mag dahingestellt bleiben bzw. ist im Einzelfall zu prüfen. Eine fähige Arbeitskraft kann auch beim abfallosen Abschneiden enge, mindestens vielfach ausreichende Toleranzen *durchschnittlich* einhalten. Aber der Vorschub von Hand bietet nie eine Gewähr, daß alle Werkstücke innerhalb des Toleranzbereiches liegen. Meist wird ein wenn auch geringer Prozentsatz die zulässigen Grenzen über- oder unterschreiten. Selbst geringe Vorschubdifferenzen können bewirken, daß die Werkstücke nicht nur schmäler oder breiter ausfallen, sondern Ansätze (bei zu kurzem Vorschub!) oder Fehlstellen (bei zu weitem Vorschub! oder umgekehrt) aufweisen, also Ausschuß entsteht. Der Werkstoffaufwand für diesen Ausschuß kommt aber sehr schnell dem Gitterverlust gleich. Vor allem aber entstehen sehr oft noch Kosten für das Aussuchen oder Durchprüfen der gesamten

Stückzahl. Diese entfallen beim Ausschneiden mit Gitter, denn Maßabweichungen der Werkstücke, besonders in der Zeit zwischen zwei Scharfschliffen, halten sich in engen Grenzen. Somit genügen Stichproben und eine Überwachung des Werkzeuges im Sinne einer statistischen Qualitätskontrolle. Dieser Vorteil übersteigt häufig den Verlust durch das Gitter.

Manche Formen, z. B. Kreise, erfordern bei Verwendung eines Schnittes immer ein Gitter, wenn volle Formen entstehen sollen.

b) Breite der Gitterstege

Wenn nun schon die Notwendigkeit oder Zweckmäßigkeit eines Gitters besteht, so wird man versuchen, dieses möglichst klein zu halten. Die Höhe des Gitterverlustes hängt von der Breite und Länge der Stege ab. Über die Stegbreite wurden schon Erfahrungswerte veröffentlicht [*10, 16, 23, 27, 42, 48*]. Die Angaben weichen etwas voneinander ab, worüber das Diagramm (Abb. 22) Auskunft erteilt. Als überschlägige Angabe diene: Stegbreite $\approx$ Werkstoffdicke. Bei geringerer Dicke (unter 1 mm) muß die Stegbreite jedoch größer gewählt werden, bei stärkerem Material (über 1 mm) genügen kleinere Werte. Hierbei verdient aber auch die Steglänge, Werkstückform und die Werkstoffart Berücksichtigung. Die Randstege werden meist in derselben Breite wie die Zwischenstege gewählt, zuweilen etwas breiter, besonders bei Verwendung von Seitenschneidern. Die Zwischenstege dürfen auch bei geringen Schwankungen im Vorschub nicht aufgeschnitten werden, sondern müssen erhalten bleiben. Selbst schmale Stege platzen unter dem Schnittdruck nicht leicht auf, aber sie klemmen zwischen Schnittplatte und Stempel, oder weichen, sich verkrümmend, vor dem Stempel aus [*27*] und beeinflussen dann die Genauigkeit und führen zu Vorschubschwierigkeiten. Diese Störungen kann auch eine ungleiche Verteilung des Schnittdruckes und Werkstoffes auf beide Ränder bewirken. Selbst bei rechteckigen

Abb. 21 a u. b. Krabbe, Stanztechnik I [27]

Ausschnitten reckt sich der schmale Randsteg stärker als der gegenüberliegende breite, so daß sich der Streifen krümmt. Dieser Verformung wirkt man durch einen meißelförmigen Stempel auf der breiten Randseite entgegen. Der Zusatzstempel durchschneidet den Werkstoff nicht, sondern quetscht nur den Rand soviel als zur Geradeerhaltung des Streifens nötig ist. Bei Mehrfachschnitten legt man die Ausschnittstempel nicht unmittelbar nebeneinander, sondern verteilt sie in Vorschubrichtung, um breitere Zwischenstege zu vermeiden [*27*].

2*

Die Stegbreite

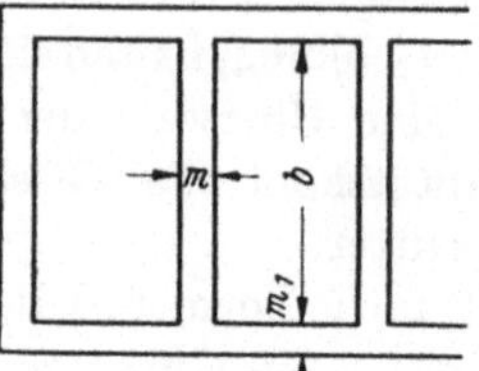

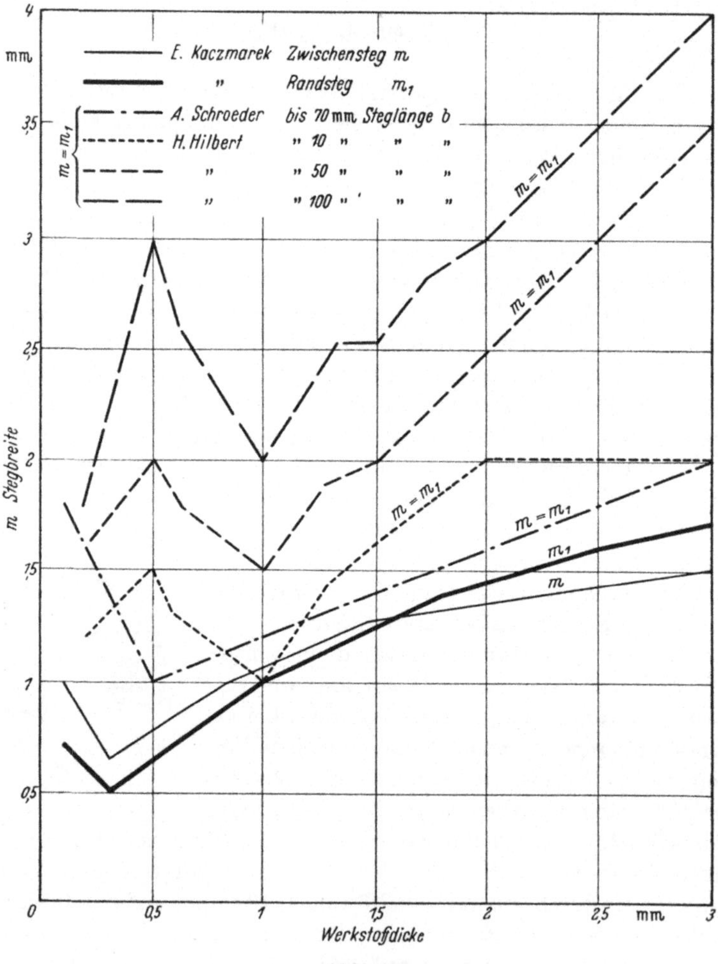

Abb. 22

c) Das Gesetz vom Gitterquadrat für die Steglänge

Die Länge der Stege hängt natürlich von der Größe und Form des Werkstückes ab. Vielfach bestehen aber für die Anordnung gewisse Variationsmöglichkeiten, wodurch die Steglänge beeinflußt werden kann. Die richtige Wahl ermöglicht das Gesetz vom Gitterquadrat.

Die Abb. 23a–f zeigt flächengleiche Parallelogramme verschiedener Form. Das Rechteck (Abb. 23a) mit einem Seitenverhältnis $a : b = 1 : 2$ erfordert bei einreihiger Anordnung den geringsten Gitterverlust (88 mm²). Da die Zwischenstege zu zwei Werkstücken gehören, kann man sich das Rechteck mit einem Rahmen von halber Stegbreite umgeben denken. Hierzu treten an den beiden Streifenrändern zwei Ergänzungsstücke von Vorschublänge und halber Stegbreite. Werden diese beiden Ergänzungsstücke in den ursprünglichen Rahmen eingefügt, so entsteht ein neuer Rahmen, der ein Quadrat umschließt (Abb. 23b) und deswegen fällt für das Rechteck (Abb. 23a) der geringste Gitterverlust an. Für die Formen 23c–f dagegen ergibt sich kein Gitterquadrat, sondern ein Rechteck.

Gitterverluste (in mm²) für flächengleiche Parallelogramme
(von 200 mm²) verschiedener Form bei Stegbreite 2 mm

Läßt sich aus dem Gitter für 1 Stück – das ist Rahmen mit halber Stegbreite und Randverlustanteil pro Vorschub – ein Quadrat bilden, liegt der geringste Gitterverlust von 88 mm² vor $a : b = 1 : 2$.

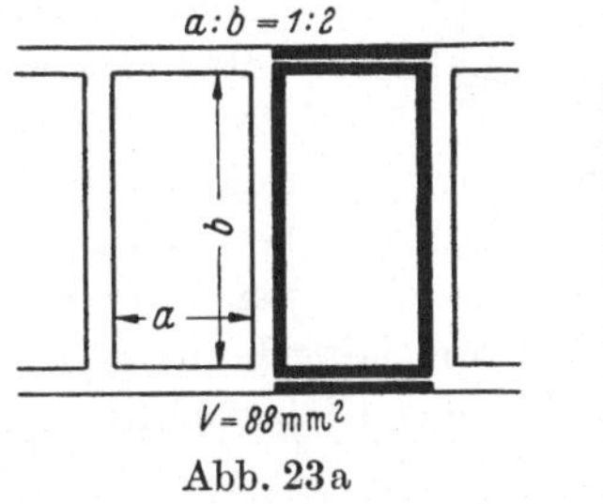

Abb. 23a

Abb. 23b

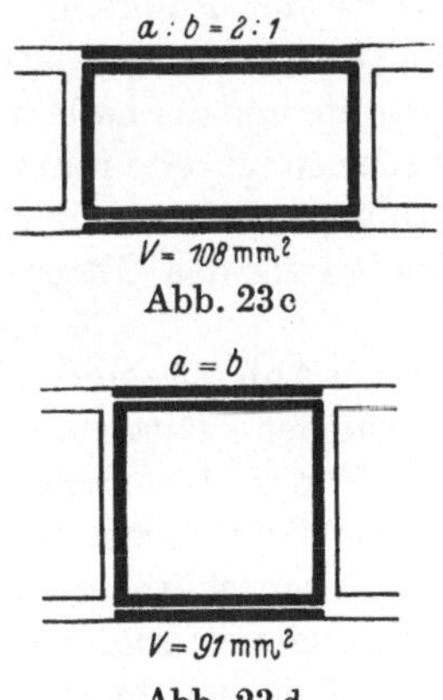

Abb. 23c

Flächengleiche Formen besitzen unterschiedlichen Umfang und daher verschiedene Gitterverluste.

108 mm² Gitterverlust bei Längslage $a : b = 2 : 1$

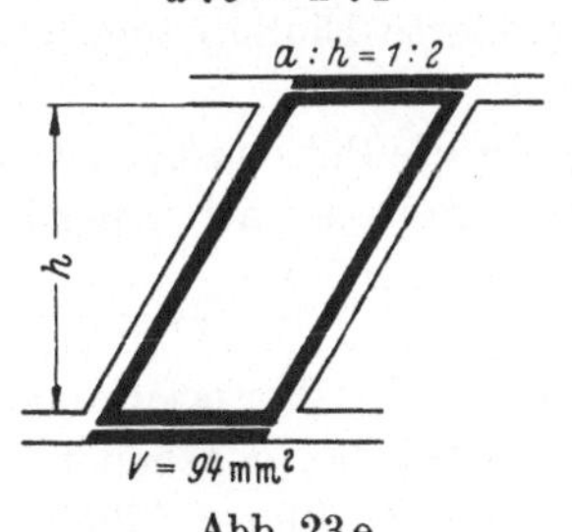

Abb. 23e

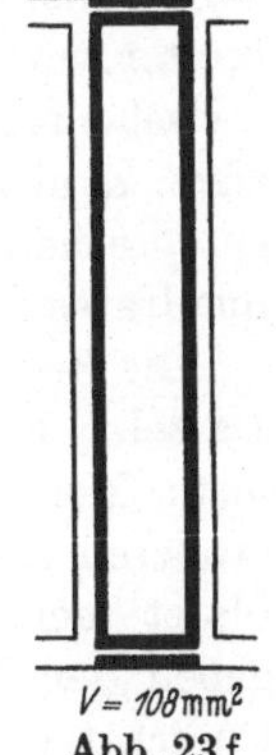

Abb. 23f

$a = b$

V = 91 mm²
Abb. 23d

Das Beispiel Abb. 23a–f beruht auf dem mathematischen Gesetz, daß unter allen flächengleichen Parallelogrammen dem Quadrat der geringste Umfang zukommt. Es kommt aber nicht darauf an, ob das Werkstück eine quadratische Form besitzt, sondern das Gitter für ein oder mehrere Werkstücke muß sich zu einem quadratischen Rahmen zusammenfügen lassen. Dabei dürfen die waagerechten und senkrechten Stege nicht etwa ineinander überführt werden, weil das Gesetz darauf beruht, daß sich die waagrechten und senkrechten Stege die Waage halten. Dabei machen die Randstege ihren Einfluß geltend, denn sie treten nur in einer Richtung auf und sind nach der Reihenzahl auf ein oder mehrere Werkstücke zu verteilen (Abb. 24).

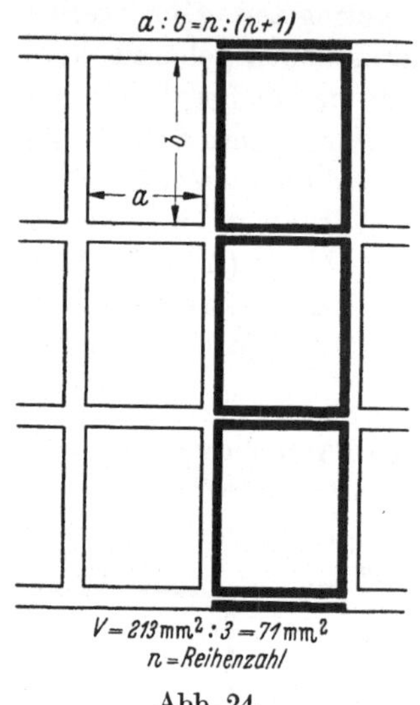

Abb. 24

Gitterquadrat bei Mehrfachanordnung

Bei Mehrfachanordnungen in n-Reihen nebeneinander ergibt sich der geringste Verlust bei größtmöglichem n. Wenn jedoch diese Reihenzahl n aus irgendwelchen Gründen vorgeschrieben ist, so beansprucht unter flächengleichen Teilen den niedrigsten Gitterverlust die Form mit dem Seitenverhältnis $a : b = n : (n + 1)$, also bei einer Reihe $a : b = 1 : 2$ (Abb. 23a) bei ∞ Reihen $a = b$ (siehe auch Ellipse S. 74/75). Ist eine Doppelanordnung nebeneinander und hintereinander möglich, entscheidet das Gitterquadrat (Abb. 25, Dreick und Trapez, S. 32/33).

Bei den bisherigen Überlegungen wurde die Breite der Rand- und Zwischenstege als gleich vorausgesetzt. Sind die Randstege jedoch breiter, wird der Unterschied zwischen der Randstegbreite und der halben Zwischenstegbreite ermittelt und auf die halbe Zwischenstegbreite reduziert. Zum Ausgleich wird nicht mehr die Vorschublänge, sondern eine entsprechend vergrößerte Einflußlänge bei der Ermittlung des Gitterquadrates eingesetzt.

Die Bedeutung für die Praxis zeigt der Vergleich von Abb. 23a und c. Dasselbe Rechteck ergibt je nach Anordnung verschiedene Gitterverluste. Meist wird die Anordnung mit dem kürzeren Vorschub und der größeren Streifenbreite aus Gründen der Genauigkeit vorgezogen, sie bietet auch Vorteile für die Werkstoffnutzung. Die Flächenschlußregeln geben den Hinweis, daß bei gegebenem Werkstück die Gittermitten tunlichst eine Flächenschlußform bilden sollen. Ergeben sich hierbei mehrere Möglichkeiten der Anordnung, bestimmt das Gesetz vom Gitterquadrat die günstigste. Dabei ergibt sich meist kein Quadrat sondern Rechtecke und es ist jenes auszuwählen, das der Quadratform am nächsten kommt (Abb. 25 a—e).

Gitterverluste und Werkstoffverbrauch für dasselbe Werkstück bei verschiedenen Anordnungen

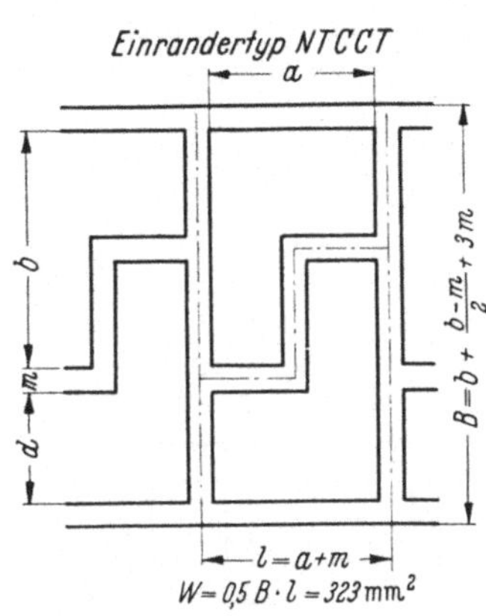

Abb. 25 a. Diese Anordnung nebeneinander mit kurzem Vorschub erfordert den geringsten Verbrauch und Gitterverlust

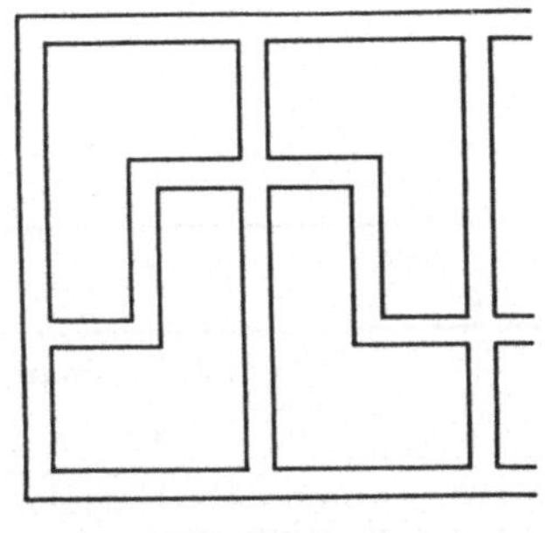

Abb. 25 b. Diese Anordnung ergibt linke und rechte Werkstücke

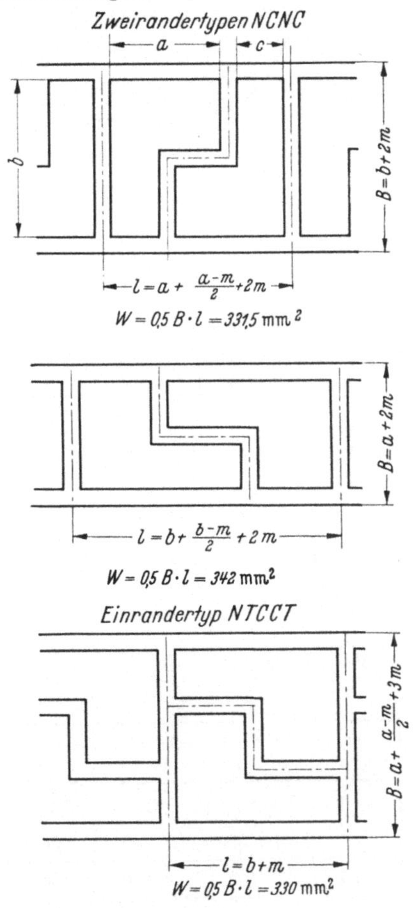

Abb. 25 c—e

Das Werkstück mit $c = 0,5\,(a - m)$ und $d = 0,5\,(b - m)$ läßt die Anordnung nebeneinander (NTCCT) und hintereinander (NCNC) zu. In jedem Falle bilden die Mittellinien des Gitters eine Flächenschlußform, was besondere Vorteile bringt. Trotzdem ergeben die Anordnungen verschiedene Gitterverluste.

d) Vergleich von Gitterverlusten bei zweierlei Anordnungen

Zugrunde liegen dieselben Flächenschlußformen, alle flächengleich aber mit wechselndem Verhältnis. Breite : Länge $= b : a$.

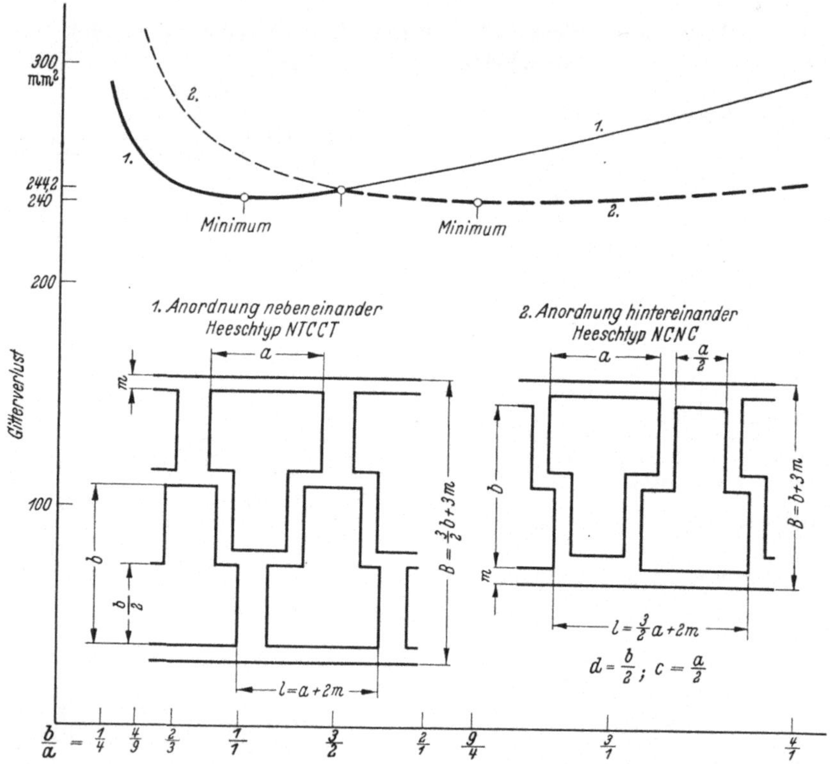

Maße in mm und mm² Stegbreite m = 2 mm

Abb. 26

Form b : a	Nutzteil a	b	2 F	NTCCT B l	Gitter	NCNC B l	Gitter	Bemerkung
1 : 1	18	18	486	726	240	744	258	1. Minimum
3 : 2	14,7	22	486,1	729,3	244,2	729,3	244,2	1. = 2.
9 : 4	12	27	486	744	258	726	240	2. Minimum

Für $b < 1{,}5a$ bietet die Anordnung nebeneinander (NTCCT) Vorteile mit einem Minimalverlust bei $b = a$.   **Kurve 1**

Für $b > 1{,}5a$ wähle man die Anordnung hintereinander (NCNC) mit demselben Minimalverlust bei $b = 2{,}25a$.   **Kurve 2**

Legt man dem Werkstück selbst eine Flächenschlußform zugrunde, so zeigt Abb. 26 an einem Zahlenbeispiel die Gitterverluste für flächengleiche Werkstücke in Abhängigkeit von der Gestaltung $b : a$.

e) Verlustminderung

Wie bereits betont, wird eine Verminderung des Werkstoffbedarfes erzielt, wenn das Werkstück so geändert wird, daß nicht das Nutzteil, sondern die Mittellinien der Gitterstege den Flächenschlußregeln entsprechen.

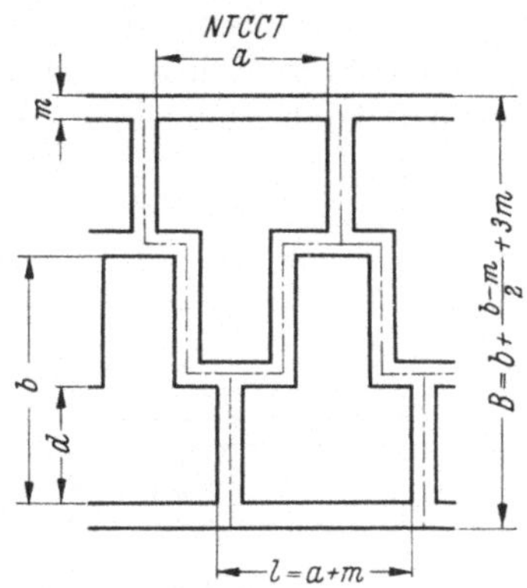
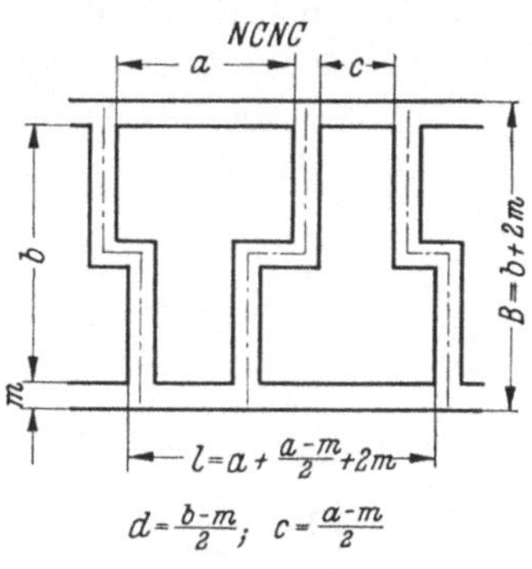

Form $b : a$	Nutzteil			NTCCT		NCNC		Bemerkung
	a	b	$2F$	Bl	Gitter	Bl	Gitter	
1 : 1	18	18	448	640	192	660	212	
3 : 2	14,7	22	446,4	634,6	188,2	651,3	204,9	Minimum
9 : 4	12	27	445	637	192	651	206	

Verlust bei NTCCT $<$ NCNC Unterschied $(c + m)\, m$

Abb. 27. Verlustminderung durch Flächenschlußform für die Gittermitte

Eine gleiche Ersparnis im Werkstoffverbrauch läßt sich manchmal auch durch eine andersartige Abänderung der Flächenschlußform des Werkstückes erzielen, nämlich durch Abrundung der Ecken, wie das nebenstehende Beispiel aus der Praxis beweist.

Dies gilt jedoch nur bei schmalen Stegen.

Stegbreite: $m \gtrless a/3\,\sqrt{3} - a/2 \approx$ $\approx 0{,}0774\,a$.

Besondere Bedeutung kommt den Abrundungen bei Schräglagen zu,

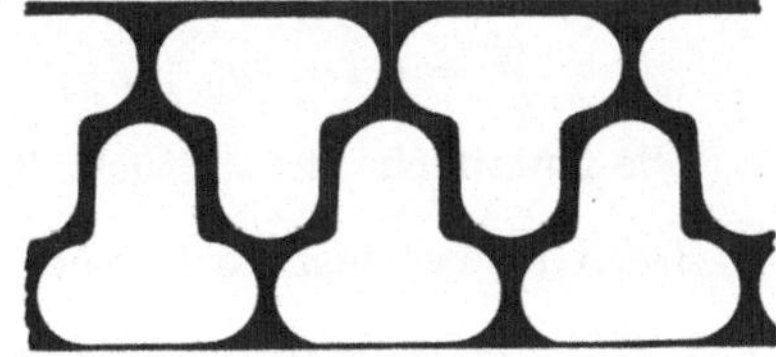

Abb. 28

da sie eine Verminderung der Bandbreite gestatten, z. B. Abb. 109–112 und [16]. Noch günstiger wirkt sich in diesem Falle eine Abschrägung des Eckes parallel zur Streifenkante aus.

f) Mathematische Grundlagen für Gitterverluste

Zur Ermittlung der Gitterverluste, insbesondere der Minima bei flächengleichen Flächenschlußformen, wurden die Formen in ihre Bestandteile zerlegt und diese durch ihre Projektionen auf das rechtwinklige Achsenkreuz ausgedrückt. Von der üblichen Bezeichnungsweise der HEESCHtypen muß dabei etwas abgewichen werden, weil die verschiedenen Drehlinien, Normallinien, Schiebungs- und Gleitspiegelungspaare eines Typs durch Indizes gekennzeichnet werden müssen. Für den Vergleich verschiedener Anordnungen desselben Werkstückes ist zu beachten, daß zwei verschiedene Typen vorliegen und daher derselben Bezeichnung nicht der gleiche Wert zukommen muß.

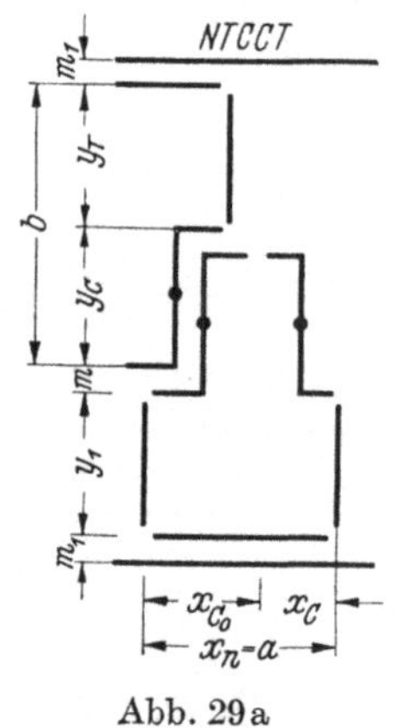

Abb. 29a

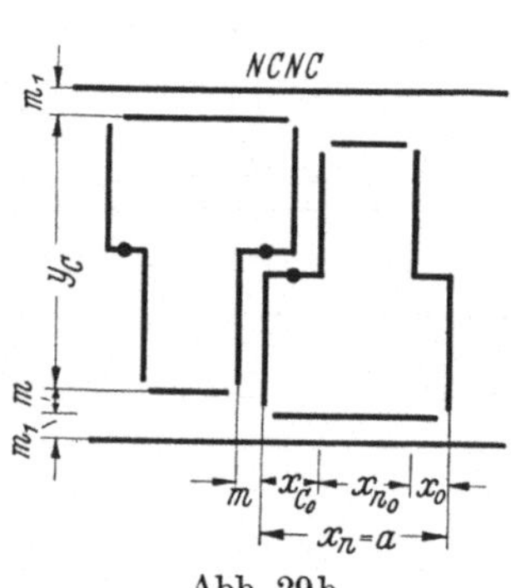

Abb. 29b

Es ergibt (bei Breite der Stege m und der Randstege m_1):

$\text{NTCC}_0\text{T}: y_N(=0);\; y_T;\; y_C = y_{C_0}$ und $x_N(=a);\; x,\,-(=0);\; x_C;\; x_{C_0}$ (Abb. 29a).

Der Werkstoffverbrauch beträgt dann:

$$W = B\,l = (y_C + 2\,y_T + m + 2\,m_1)\,(2\,m + x_C + x_{C_0}).$$

Die Nutzfläche für 2 Stück: $2F = (y_C + 2\,y_T)\,(x_C + x_{C_0}).$

Der Gitterverlust für 2 Stück:

$$V = W - 2F = m\,(2\,y_C + 4\,y_T + 2\,m + x_C + x_{C_0}) + m_1\,(4\,m + 2\,x_C + 2\,x_{C_0})$$

$$V = 3\,m\,(x_C + x_{C_0}) + 2\,m\,(y_C + 2\,y_T) + 6\,m^2 \quad \text{für} \quad m_1 = m.$$

$$= 3\,m\,(x_C + x_{C_0}) + 2\,m\,\frac{2F}{x_C + x_{C_0}} + 6\,m^2.$$

Für eine gegebene Stegbreite m und flächengleiche Formen ergeben sich die Minima aus

$$0 = \frac{dV}{d(x_C + x_{C_0})} = 3\,m - \frac{2\,m \cdot 2F}{(x_C + x_{C_0})^2}$$

bei der Doppelreihe ($n = 2$) zu:

$$2\,(y_C + 2\,y_T) = 3\,(x_C + x_{C_0}) \quad \text{oder} \quad (b + y_T) : a = 3 : 2 = (n+1) : n\,.$$

Diese Bedingungen sind u. a. erfüllt für

$$y_C = y_T = 0{,}5\,b = 0{,}5\,(x_C + x_{C_0}) = 0{,}5a \text{ oder } b = a \quad \text{(Abb. 26)}.$$

$NCNC_0$: $y_N\,(= 0)$; $y_C = y_{C_0}$; $y_{N_0}\,(= 0)$ und $x_N\,(= a)$; x_C; x_{C_0}; x_{N_0} (Abb. 29 b).

Der Werkstoffverbrauch für 2 Stück beträgt:

$$W = B\,l = (y_C + m + 2\,m_1)\,(2\,m + x_C + x_{C_0} + 2\,x_{N_0})\,.$$

Die Nutzfläche für 2 Stück, wobei $x_N = x_C + x_{C_0} + x_{N_0}$

$$2F = (x_N + x_{N_0})\,y_C = (2\,x_{N_0} + x_C + x_{C_0})\,y_C\,.$$

Der Gitterverlust für 2 Stück:

$$V = W - 2F = 2\,m\,y_{C_0} + (m + 2\,m_1)\,(x_C + x_{C_0} + 2\,x_{N_0} + 2\,m)$$

$$V = 2\,m\,y_C + 3\,m\,(x_C + x_{C_0} + 2\,x_{N_0}) + 6\,m^2 \quad \text{für} \quad m_1 = m$$

für eine gegebene Stegbreite und flächengleiche Formen ergeben sich die Minima aus:

$$0 = \frac{dV}{d\,y_C} = 2\,m - \frac{3\,m \cdot 2F}{y_C^2} \quad \text{zu} \quad 2\,y_C = 3\,(x_C + x_{C_0} + x_{N_0})\,.$$

Diese Bedingungen sind bei $x_{N_0} = C + C_0 = 0{,}5a$ und $y_C = b$ erfüllt für $b : a = 9 : 4$ (Abb. 26).

Will man nun beide Typen oder Anordnungen miteinander vergleichen, so ist zu berücksichtigen:

Bei	$NTCC_0T$	$NCNC$
	$b = y_T + y_C$	$b = y_C$
	$a = x_N = x_C + x_{C_0}$	$a = x_N = x_C + x_{C_0} + x_{N_0}$

Der Schnittpunkt der Kurve 1 (NTCCT) und Kurve 2 (NCNC) ergibt, wie bereits betont, denselben Gitterverlust für die Form

$$b : a = 3 : 2 \quad \text{(Abb. 26)}.$$

V. Verschiedene Arten der Flächennutzung

Nachdem in den vorhergehenden Abschnitten die Wirtschaftlichkeit der Werkstoffnutzung und theoretische Grundlagen erörtert wurden, sollen nunmehr verschiedene Möglichkeiten der Anordnung und Gestaltung einander gegenübergestellt werden. Hierzu bietet der spätere Bildteil Beispiele der Praxis, Berechnungsformeln und Vergleiche. Während aber die Abbildungen durch einen Überblick für die einzelnen Formen die Auswahl erleichtern, folgt nun eine Zusammenstellung verschiedener Arten mit ihren Vorteilen und Eigenheiten.

a) Das **Abschneiden** ohne Abfall ist die unmittelbare Anwendung des Flächenschlusses (S. 4 ff.) und ermöglicht eine ausgezeichnete Werkstoffnutzung ohne oder nur mit geringem Randverlust (S. 11 ff.). Dabei treten aber in der Stanzerei manche Schwierigkeiten auf, die dem Brennschneiden fremd sind. Schwankungen in der Streifenbreite und Ungenauigkeiten im Vorschub zeitigen Maßunterschiede und Formänderungen des Fertigteiles, wodurch leicht Ausschuß und Lohnaufwand für Kontrollarbeiten anfällt, was bei Vergleichsberechnungen in der Vorkalkulation meist übersehen wird (S. 76 ff.). Abweichungen von der Flächenschlußform erfordern Nacharbeit oder Vorlocher, welche die Gefahr von Formänderungen erhöhen. Dagegen ist die Lage von Durchbrüchen im Innern des Werkstückes gegenüber einer Werkstückkante gesichert, wenn das Vorlochen auf der Station unmittelbar vor dem Abschneiden erfolgt. Die am Umriß wechselnde Lage des Schneidgrates kann bei der Weiterverarbeitung, Montage und für den Gebrauch nachteilig sein (S. 86 ff.).

b) Das **Abtrennen** mit Steg kommt vor allem bei der Herstellung von Platten und Stäben mit zwei geraden, parallelen Kanten aus Streifen oder Bändern vor, die beiden anderen Seiten des Werkstückes können beliebig und unabhängig voneinander geformt sein. Ist das Stabende nach außen gekrümmt – ein häufiger Fall –, so geht allerdings ein halbkreisförmiger Bogen nicht stetig in die parallelen Geraden über, sondern es entsteht ein stumpfes Eck. Der Konstrukteur sollte daher in einem solchen Falle den steten Übergang nicht fordern (Abb. 30).

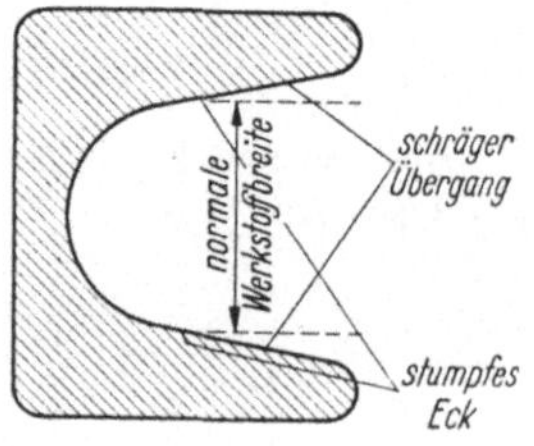

Abb. 30. Zweckform eines Abschneidestempels für halbkreisförmige Abrundung mit schrägem Übergang um Streifen mit Plustoleranz in der Breite zuverlässig abzuschneiden. Hierbei ergibt sich allerdings kein steter Übergang, sondern ein stumpfes Eck

Der Vorteil des Verfahrens liegt in der Möglichkeit, Werkstücke verschiedener Länge und auch verschiedener Breite auf demselben billigen Werkzeug zu fertigen bei geringstem Abfall, da jeder Randverlust entfällt. Die äußere Form bleibt immer gewahrt, nicht aber ihre Maßhaltigkeit (S. 80). Der Schneidgrat der beiden Enden und der vorgelochten Durchbrüche liegt auf derselben Seite. Der Lochabstand ist gegenüber einer Außenkante gesichert. Die Entfernung zweier Löcher kann veränderlich gestaltet werden, damit Werkstücke jeder Länge gefertigt werden können. In diesem Falle hängt die Genauigkeit der Lochabstände von der Vorschubgenauigkeit ab (Abb. 31a). Soll die Lochentfernung in einem engen Toleranzbereich sichergestellt werden, sind beide Lochstempel auf derselben Station unterzubringen. Hierdurch ist aber die Lochentfernung unveränderlich und kann nicht mehr stetig verschoben werden. Durch mehrere Lochpaare ist eine Größenstufung möglich Abb. 31b).

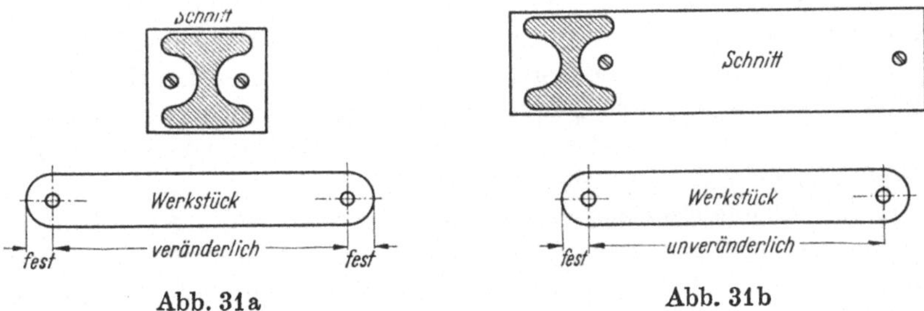

<table>
<tr><td>Abb. 31a</td><td>Abb. 31b</td></tr>
</table>

c) Das **Ausschneiden** mit Gitter sichert eine größere Genauigkeit, denn äußere Form und Maßhaltigkeit unterliegen nur geringen Schwankungen (S. 79). Es erfordert aber den meist erheblichen Gitterverlust, der durch sinngemäße Anwendung der Flächenschlußregeln eingeschränkt werden kann (S. 17–23). Der Grat liegt am ganzen Umfang auf einer Seite. Bei vorgeprägten Biegeteilen ist zu entscheiden, ob die Prägung nach oben oder unten ausgeführt wird. Dies hängt von der nachfolgenden Biegung ab, denn bei ihr muß der Schneidgrat an der inneren Biegefaser liegen, sollen Einrisse vermieden werden. Bei gerollten Teilen legt man den Schneidgrat aber an die Außenkante der Rolle, um Aufstauchungen zu vermindern (S. 89) [72].

d) Der **Doppelschnitt** verringert mit dem Werkstoffverbrauch zugleich die Arbeitszeit. Er birgt jedoch die Gefahr in sich, daß die Schnittteile der einzelnen Reihen nicht völlig kongruent anfallen und vor allem Vorlochungen gegenüber den Umrißlinien Verschiebungen aufweisen. Um die ursächliche Reihe bei Ausschuß sofort feststellen zu können, erweist es sich als zweckmäßig, die Werkstücke der einzelnen Reihen beim Ausschneiden auffällig zu kennzeichnen durch eine zusätzliche Prägung,

Lochung oder Formänderung. Hiermit kann zugleich ein Hinweis auf die Gratseite für die spätere Verarbeitung oder Montage verbunden sein (Abb. 32) [*48*].

Abb. 32. Zur Kennzeichnung bei Mehrfachschnitten oder mehreren Einzelwerkzeugen

Alle Vorlocher eines Werkstückes müssen nach Möglichkeit auf derselben Station untergebracht werden, um in den Lochabständen Verschiebungen zu vermeiden. Kann dies nicht durchgeführt werden, verändert sich bei Vorschubdifferenzen nicht nur die Lage der Löcher gegenüber der äußeren Werkstückform, sondern auch untereinander. Zudem können sich die Veränderungen bei den beiden Reihen unterscheiden (Abb. 172, Anordnung 1). Die Möglichkeiten, diese Verschiebungen der Abstände zwischen den Löchern für beide Reihen gleichheitlich zu gestalten, geben Anordnung 2 und 3 wieder, wobei aber immer noch ein Unterschied bleibt, entweder eine unterschiedliche Lage gegenüber dem Umriß oder die unterschiedliche Gratseite.

e) Das **Wendeschneiden** erstrebt die Werkstoffnutzung der Doppelreihe mit einem Einfachschnitt zu erreichen, indem der Streifen zweimal das Werkzeug durchläuft, wobei er dazwischen gewendet oder verschoben wird. Dieser Versuch lohnt bei Kleinteilen nur in den seltensten Fällen. Zunächst droht eine erhöhte Ausschußgefahr, wenn beim zweiten Durchlauf nicht richtig angeschnitten wird, und jedes Verschneiden im ersten Durchgang wirkt sich auf den zweiten aus, wozu dann noch dessen Ausschußteile kommen. Der Einsatz von Bändern und Automaten scheidet aus. Der zweite Durchlauf erfordert die 2–3fache Arbeitszeit des ersten, so daß der $1^1/_2$–2fache Lohnaufwand wie beim Einfachschneiden und der 3–4fache des Doppelschnittes entsteht. Somit bleibt lediglich eine Ersparnis an Werkzeugkosten gegenüber dem Doppelschnitt und an Werkstoffkosten gegenüber dem Einfachschnitt bei erhöhtem Lohnaufwand.

f) Die **Doppel- und Mehrfachanordnung gleicher Teile** führt für Werkstücke mit und ohne Flächenschluß häufig zu Einsparungen.

α) Dabei kann die Anordnung *hintereinander*, das ist in Vorschubrichtung, erfolgen, indem jeweils das folgende Teil um 180° gedreht wird (Heeschtyp NCNC).

Der Schneidgrat sämtlicher Werkstücke liegt für diese Doppelanordnung beim *Ausschneiden* mit Gitter auf *derselben* Seite (Abb. 33a). Dagegen unterscheiden sich hierin abfallose Abschnitte und erscheinen somit als linke und rechte Teile.

Für Formen, deren Grundlage der Typ NCNC bildet, und bei denen eine Drehlinie C eine Gerade senkrecht zur Streifenkante darstellt, erhält man rechte und linke Werkstücke durch eine Vierfachanordnung hintereinander. Dabei wird das zweite Teil gegenüber dem Teil 1 um 180°

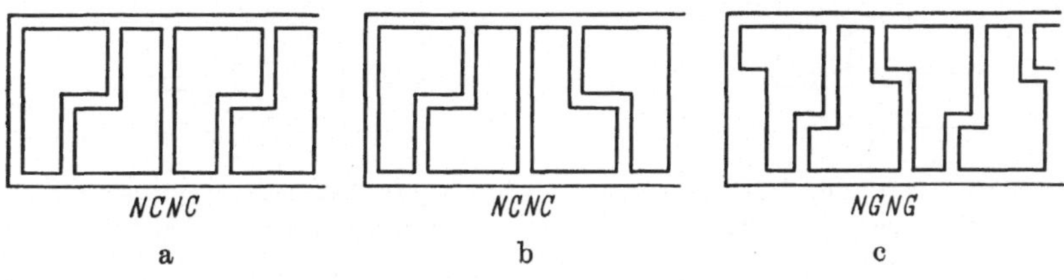

Abb. 33 a–c. Anordnung 2fach hintereinander 4fach 2fach gleiche Werkstücke — linke und rechte linke und rechte

gedreht, wie oben. Teil 3 jedoch ist ein Spiegelbild von Teil 2 und Teil 4 ein Spiegelbild von Teil 1, sodann wiederholt sich die Vierergruppe (Abb. 33 b). Der Gleitspiegelungstyp NGNG aber ergibt für das Ausschneiden rechte und linke Teile und für das Abschneiden gleiche Teile (Abb. 33 c).

β) Die Anordnung mehrerer Reihen *nebeneinander auf gleicher* Höhe bringt nur geringe Ersparnisse, da nur die seitlichen Randverluste auf eine größere Stückzahl verteilt werden. Zuweilen ist sie jedoch die günstigste Möglichkeit (Abb. 105). Bedeutung kann diese Anordnung zur Erzeugung rechter und linker Werkstücke erlangen.

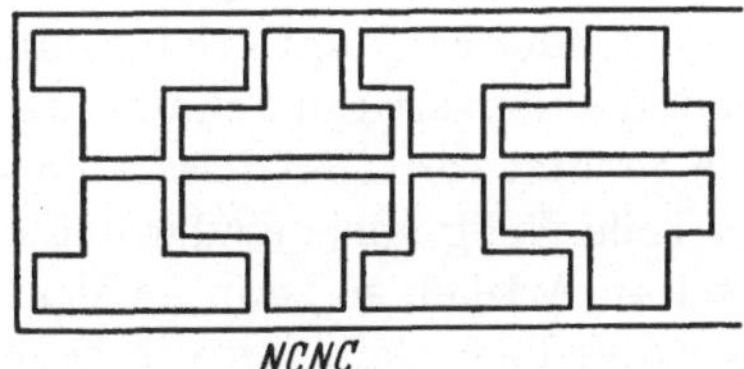

Abb. 34. NCNC. Anordnung 2 fach hintereinander in 2 spiegelbildlichen Reihen — linke und rechte Werkstücke

γ) Die Anordnung *nebeneinander versetzt* oder um *180° gedreht*, bietet oft die Möglichkeit, Ersparnisse des Flächenschlusses auszunutzen. Mit steigender Reihenzahl wächst auch der Vorteil, jedoch verringert sich das Wachstum. Oft lohnt daher die Steigerung der Reihenzahl über ein gewisses Maß wegen der höheren Werkzeugkosten und aus anderen Gründen nicht. In manchen Fällen ergibt bereits die Doppelreihe eine außerordentlich gute, ja völlige Nutzung (z. B. der häufig angewandte Typ NTCCT). Diese kann sich sogar bei der Dreifachreihe wieder verschlechtern und in einem solchen Falle ist nur eine gerade Anzahl von Reihen zweckmäßig (S. 13).

Der Typ NTCCT ergibt gleiche Werkstücke in der Doppelreihe (Abb. 35a). Zur Erzeugung linker und rechter Teile ordnet man daneben eine zweite gespiegelte Doppelreihe an. Sind beide C-Linien einander

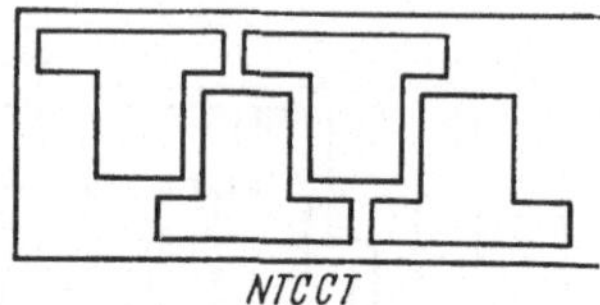

Abb. 35a. Anordnung 2fach nebeneinander, gleiche Werkstücke

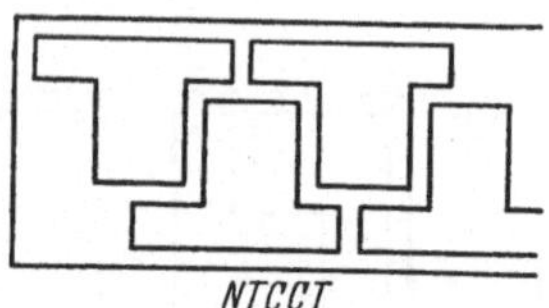

Abb. 35b. Desgleichen spiegelbildlich, linke und rechte Werkstücke

ähnlich, können linke und rechte Werkstücke in einer Doppelreihe untergebracht werden (Abb. 35b). Typ NTGGT führt zu spiegelbildlichen Teilen.

Vorschubungenauigkeiten wirken in dieser Anordnung beim Abschneiden und Vorlochen besonders störend. Sie führen leicht zu völligen Formänderungen mit Ansätzen und Fehlstellen, also Ausschußteilen (S. 76ff.). Der zweckmäßigen Gestaltung und Dimensionierung sollte der Konstrukteur seine volle Aufmerksamkeit schenken und bei räumlichen Biegeteilen die zugehörige Platine nachprüfen. Abb. 83 zeigt ein Beispiel, wobei durch eine geringfügige Maßänderung von 1 mm eine Doppelanordnung und damit 26% Ersparnis erzielt wurde, weil sich dieser eine Millimeter 4fach auswirkt. Einen ähnlichen Erfolg brachte der Verzicht auf eine geradlinige Begrenzung des Werkstückes in Abb. 42 und 43.

g) Die **Mehrfachanordnung unterschiedlicher Teile** ist in der Praxis als Stanzgitternutzung bekannt. Ein bereits genutzter Stanzstreifen mit großen Restflächen durchläuft einen zweiten andersartigen Schnitt, womit der Abfall des ersten Durchlaufs noch genutzt wird. Bei diesem Verfahren sind die beiden unterschiedlichen Teile völlig voneinander unabhängig. Entfällt z.B. der Bedarf am zweiten Artikel, so kann an seine Stelle ein anderer treten. Jedoch drohen dieselben Gefahren wie beim Wendeschneiden, so daß dem Verfahren nur eine untergeordnete Bedeutung zukommt. Sehr wirtschaftlich dagegen gestaltet sich die Erzeugung verschiedener Werkstücke in einem Werkzeug und in einem Durchgang (Abb. 71). Diese Koppelung setzt jedoch meist eine Zusammengehörigkeit der beiden Erzeugnisse voraus. Besonders beliebt ist sie, wenn beide Teile für das gleiche Gerät gehören und in gleicher Anzahl oder einem anderen ganzzahligen Verhältnis benötigt werden. Ausschuß bei nur einem Teil auch in der nachfolgenden Bearbeitung stört aber das Gleichgewicht. Konstruktionsänderungen schwören große Gefahren beim Ausglühen und Wiederhärten des Werkzeuges herauf. Auch reicht nach der Änderung vielleicht die Restfläche nicht mehr aus. Manchmal gelingt die

Kombination von Teilen, die sich abfallos ineinanderfügen wie konzentrische Ringe, oder sich zu einem Rechteck oder anderen Flächenschlußformen ergänzen. Das eine Werkstück wird gewissermaßen zum Abfall des anderen. Kammartige Teile bei Scharnieren, Transformatorenbleche [*3, 9, 48, 68, 82*].

h) Sperrige Teile gestatten naturgemäß meist nur eine geringe bis mäßige Werkstoffnutzung und reizen daher besonders zu Verbesserungsversuchen. Die Mehrfachanordnung gleicher, oder unterschiedlicher Teile genügt vielfach nicht.

α) Durch Gegeneinanderlegen erstrebt man besonders *große Restflächen*, die bequem für andere Teile genutzt werden können (Abb. 85).

β) Vor allem wird man aber eine Korrektur der äußeren Form des sperrigen Teiles in Betracht ziehen. Hierbei sucht man mit *Änderungen ohne Rückwirkung* auf die Gesamtkonstruktion auszukommen, indem man z.B. die Lochabstände beibehält (Abb. 129, 131 b usw.).

γ) Oft bringt aber nur eine *Änderung mit Rückwirkung* auf die Gesamtkonstruktion eine durchgreifende Verbesserung. Es müssen z.B. Lochabstände geändert werden, wodurch Bewegungsverhältnisse eine Änderung erfahren und ähnliches (Abb. 131 c).

δ) Muß die ursprüngliche Form beibehalten werden, so führt oft eine *Unterteilung* zum Ziele. Dies erfordert natürlich zusätzliche Montagearbeit und birgt damit eine neue Fehlerquelle (Abb. 132).

ε) Auch eine andere Schnitteilform, welche durch *zusätzliche* Arbeitsgänge erst in die endgültige Form überführt wird, kann sich als zweckmäßig erweisen. Die Kosten der Werkstoffersparnis und der Mehrarbeit müssen wie bei δ) gegeneinander abgewogen werden, ebenso muß eine Verschiebung der Festigkeitsverhältnisse und Herstellungsgenauigkeit berücksichtigt werden (Abb. 133–134).

i) Die Schräglage erfreut sich mit Recht großer Beliebtheit bei der Verarbeitung von Bändern und Streifen auch in Verbindung mit Mehrfachanordnung und teilweisem Flächenschluß. Die Schiebung des Flächenschlusses bildet die eigentliche Grundlage. Für manche Formen ist die Berechnung des günstigsten Neigungswinkels bekannt, für andere wurde sie neu errechnet.

Für die verwickelten Formen der Praxis bieten Hilfsformen eine Erleichterung. Vor allem bewährt sich immer noch das seit langem übliche Ausprobieren mit einigen Papiermodellen, wobei oft schon auf den ersten Blick die voraussichtliche Schräglage feststellbar ist. Nur achte man streng darauf, daß beim Auflegen die notwendige Stegbreite des Gitters an keiner Stelle unterschritten wird. Das *Abschrägen* und Runden vorspringender Ecken bedeutet bei Schräglage oft eine erhebliche Werkstoffersparnis (S. 56ff.) [*16*]. Bei der Schräglage ist zu berücksichtigen, inwieweit ein Verlauf der Walzfaser innerhalb des Ausschnittes Beachtung erfordert.

k) Runde, halbrunde und ovale Scheiben ergeben eine schlechte Flächennutzung, die sich vornehmlich durch Mehrfachanordnung gleicher Teile oder als Nutzung von Restflächen bei anderen Stanzstreifen verbessern läßt.

Für *Kreisflächen* ergeben die besten Ergebnisse Mehrfachanordnungen, bei denen die Kreismittelpunkte in den Spitzen von gleichseitigen Dreiecken liegen. Dabei muß die Seite des gleichseitigen Dreiecks für den Vorschub und die Höhe für die Bandbreite gewählt werden (kurzer Vorschub bei größerer Bandbreite!). Den größten Fortschritt bringt natürlich der Doppelschnitt. Doch sind die weiteren Ersparnismöglichkeiten bei 3, 4 und 5 Reihen noch recht beachtlich und daher sehr beliebt. Noch mehr Reihen sind weniger gebräuchlich, weil hierbei die Einsparungen an Werkstoff abnehmen, wenn auch die Arbeitszeit unentwegt weiter sinkt.

Für *Halbkreisflächen* bilden ebenfalls gleichseitige Dreiecke im Doppelschnitt die günstigste Grundlage bei Bändern. Bei Streifen kann der Endverlust eine andere Entscheidung begünstigen (s. Beispiel S. 73). Kreisringflächen erfordern naturgemäß noch höheren Werkstoffaufwand. Das Ineinanderschneiden mehrerer Kreisringflächen bietet hier besondere Vorteile.

Ein *Vermeiden der Kreisform* wurde schon oft mit großem Erfolg vorgeschlagen (AWF, Heesch). Kienzle hat nachgewiesen, daß selbst das umbeschriebene Sechseck trotz seines größeren Flächeninhalts einen geringeren Werkstoffverbrauch ergibt wie der Kreis [*91*]. Das Sechseck und Quadrat bildet oft die Grundlage für solche Lösungen [*15*] (Abb. 116). Die verschiedenartigen Lösungen bieten dem Konstrukteur eine Auswahl, so daß er hierbei Festigkeitswünsche und dergleichen berücksichtigen kann.

Für *ovale* Scheiben diene die Elipse als Beispiel. Eine Vergleichsmöglichkeit bieten flächengleiche Ellipsen mit verschiedenem Achsenverhältnis. Bei sich berührenden Ellipsen (Aussägen, Brennschneiden) ergibt sich der gleiche Mindestbedarf, unabhängig von Form und Lage. Beim Schneiden der Stanzerei mit Gitter erfordert die aufrechte Lage – große Achse senkrecht zum Vorschub – immer den geringsten Verbrauch. Die Erprobung einer Schräglage beruht auf einem optischen Trugschluß. Das günstigste Achsenverhältnis bei Mehrfachanordnung gehorcht dem früher entwickelten Gesetz (s. Gitterverluste), wobei n die Anzahl der Reihen ist:

$$\text{große Achse } (a) : \text{kleine Achse } (b) = (n+1) : n.$$

Für $n = \infty$ liefert also der Grenzfall – der flächengleiche Kreis – die günstigste Form, für $n = 1$ (eine Reihe) $a : b = 2 : 1$.

VI. Bildteil

Berechnungsgrundlagen und Beispiele

3*

a) Trapez und Dreieck

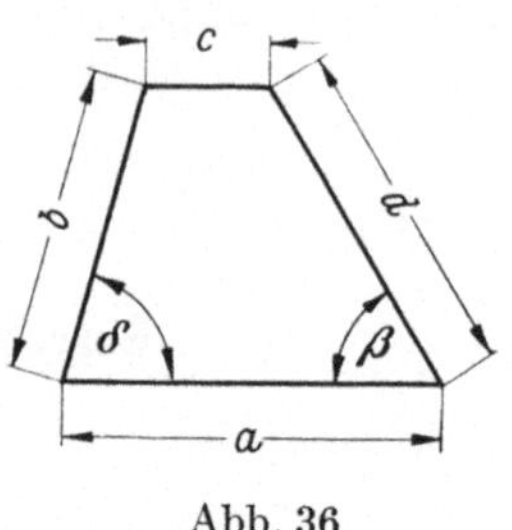

Abb. 36

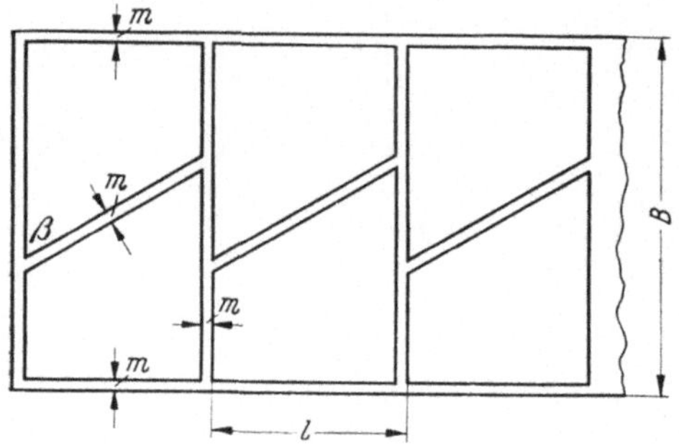

Abb. 37

günstig für $b \leqq a + c$

$$\operatorname{tg} \beta = \frac{b}{a - c}$$

$$B = a + c + 2m + \frac{m}{\sin \beta}$$

$$l = b + m$$

$$W = \frac{Bl}{2} \quad \text{(Werkstoff-verbrauch)}$$

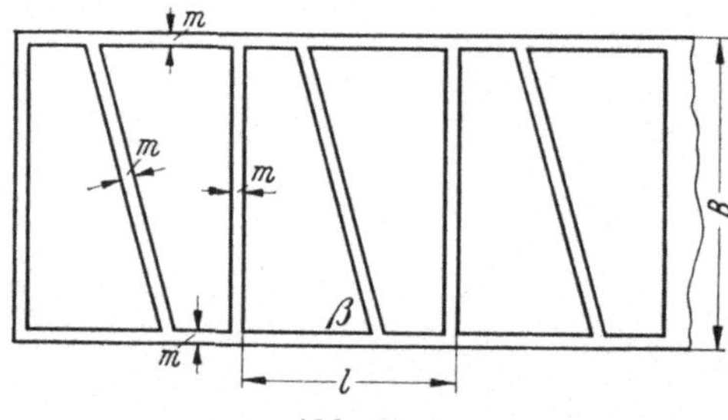

Abb. 38

günstig für $b \geqq a + c$

$\operatorname{tg} \beta$ wie oben

$$B = b + 2m$$

$$l = a + c + m + \frac{m}{\sin \beta}$$

$$W = \frac{Bl}{2} \quad \text{(Werkstoff-verbrauch)}$$

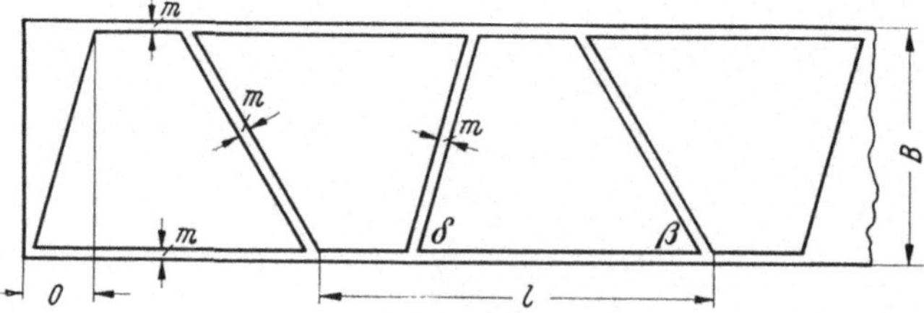

Abb 39

$$B = b \sin \delta + 2m = d \sin \beta + 2m$$

$$l = a + c + \frac{m}{\sin \delta} + \frac{m}{\sin \beta} \qquad W = \frac{Bl}{2} \quad \text{(Werkstoff-verbrauch)}$$

$$o = b \cos \delta + m$$

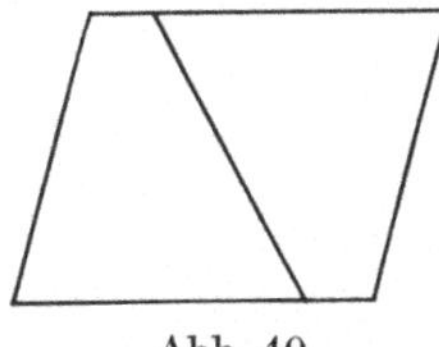

Verlustloses
Abschneiden,
HEESCHtyp
NCNC.

Abb. 40

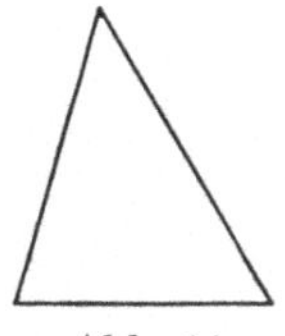

Beim   Dreieck
wird $c = o$,
HEESCHtyp
NCC.

Abb. 41

Frühere Arbeitsweise mit geradliniger Begrenzung des Fertigteiles

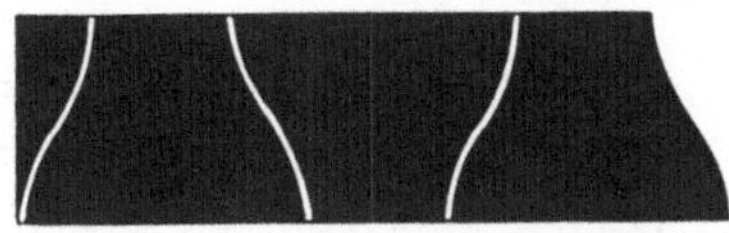

Heutiges, abfalloses Fertigungsverfahren. Werkstoffersparnis 30%

Abb. 42
a und b

Abb. 43
a und b

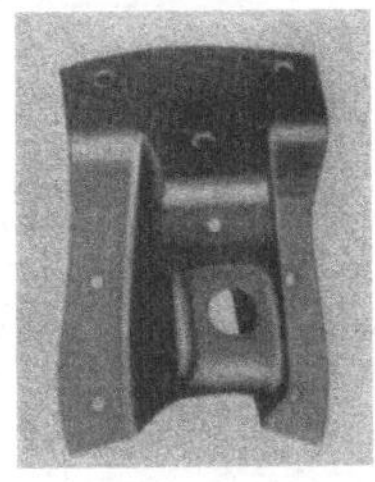

Werkstoffersparnis durch Verzicht auf
geradlinige Begrenzung eines tiefgezogenen Stützteiles

Häufig ergeben sich für die Platinen, aus denen die Teile gezogen
werden sollen, sehr unregelmäßige Umrißlinien, die naturgemäß einen
größeren Stanzabfall zur Folge haben, Abb. 42a und b.

Diesen Abfall kann man ganz oder zum Teil vermeiden, wenn man
auf die glatte Begrenzung des Fertigteiles verzichtet und schon auf der
Zeichnung angibt, welche Abweichungen in seinen Umrißlinien zulässig
sind. Hierdurch vermindert man nicht nur den Stanzabfall, Abb. 43a und b,
sondern spart auch das Beschneiden nach dem Prägen oder Ziehen ein.

Schrifttum: VDI Zeitschrift Bd. 87 (1943), Nr. 27/28, S. 438/439 [*83*].

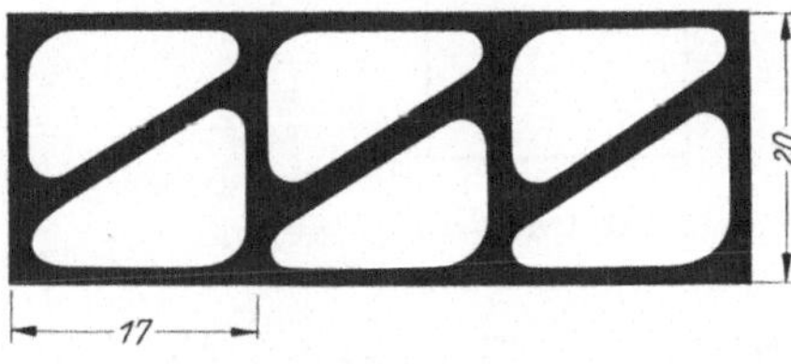

Abb. 44a. Verbrauch 340 mm²/Stück   Abb. 44b. Verbrauch 342 mm²/Stück
Beispiel zu Abb. 37   und   zu Abb. 38

b) Winkel

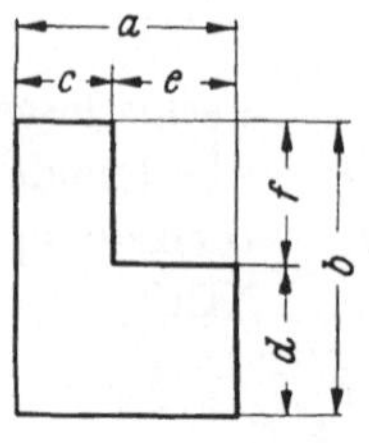

Abb. 45

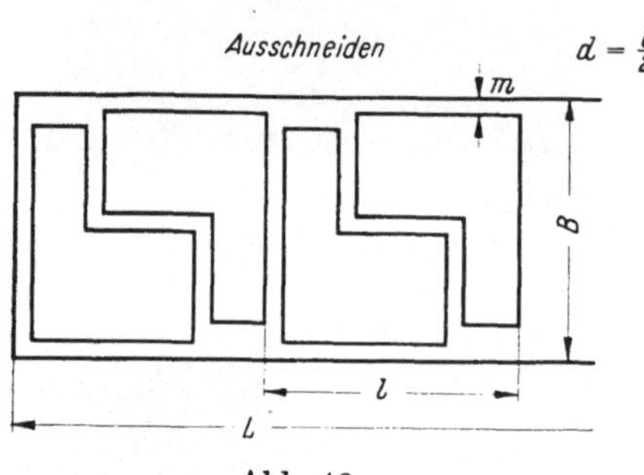

Abb. 46a

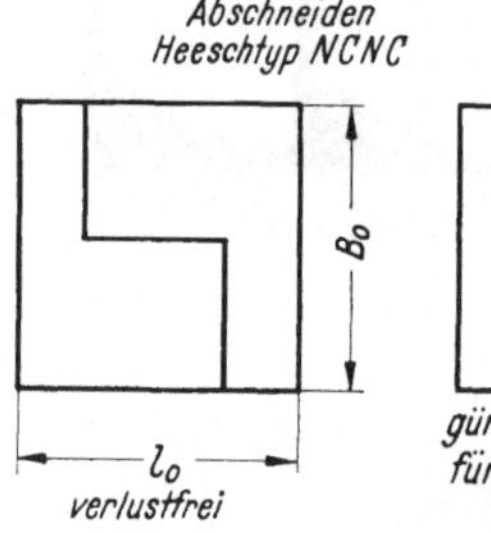

Abb. 46b   Abb. 46c

Streifenbreite $B = b + 3m$	$B_0 = b$
Vorschub $\quad l = a + c + 2m$	$l_0 = a + c$
Verbrauch $\quad W = \frac{1}{2}(b + 3m)(a + c + 2m)$	$W_0 = \frac{1}{2}b(a + c)$
$\quad = \frac{1}{2}[b(a + c) + V]$	
Verlust $\quad V = \frac{1}{2}(3a + 2b + 3c + 6m)m$	$V_0 = 0$
Werkstückzahl $Z = 2L:l$	$Z_0 = 2L:l_0$
Nutzung $\quad \eta = \frac{1}{2}b(a + c):W$	$\eta = 1 = 100\%$

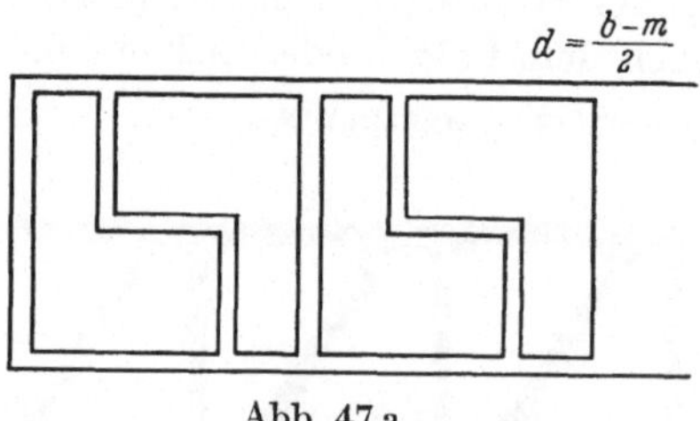

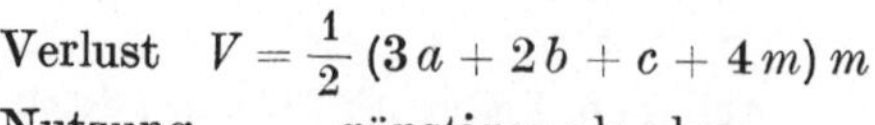

Abb. 47a

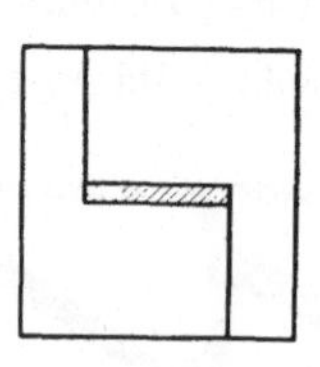

Abb. 47b

Verlust $\quad V = \frac{1}{2}(3a + 2b + c + 4m)m$	$V_0 = \frac{1}{2}cm$
Nutzung $\quad$ günstiger als oben	ungünstiger als oben

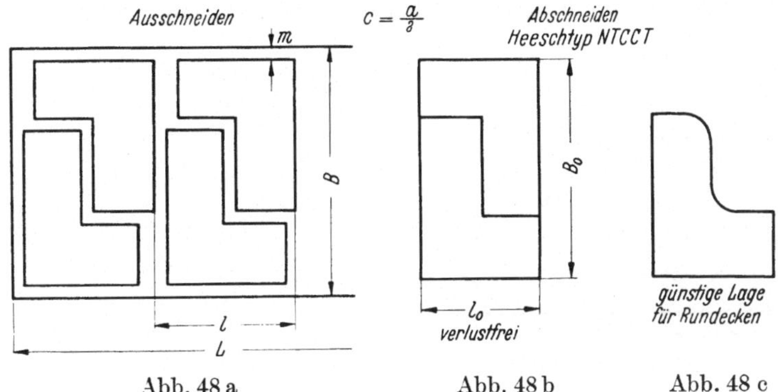

Abb. 48 a   Abb. 48 b   Abb. 48 c

Streifenbreite $\quad B = b + d + 3\,m$ $\qquad\qquad\qquad B_0 = b + d$

Vorschub $\qquad\quad l = a + 2\,m$ $\qquad\qquad\qquad\qquad l_0 = a$

Verbrauch $\qquad W = \dfrac{1}{2}\,(b + d + 3\,m)\,(a + 2\,m)$ $\qquad W_0 = \dfrac{1}{2}\,a\,(b + d)$

$$= \frac{1}{2}\,[a\,(b + d) + V]$$

Verlust $\qquad\quad V = \dfrac{1}{2}\,(3\,a + 2\,b + 2\,d + 6\,m)\,m$ $\qquad V_0 = 0$

Werkstückzahl $Z = 2\,L : l$ $\qquad\qquad\qquad\qquad\qquad Z_0 = 2\,L : l_0$

Nutzung $\qquad \eta = \dfrac{1}{2}\,a\,(b + d) : W$ $\qquad\qquad\qquad \eta = 1 = 100^0/_0$

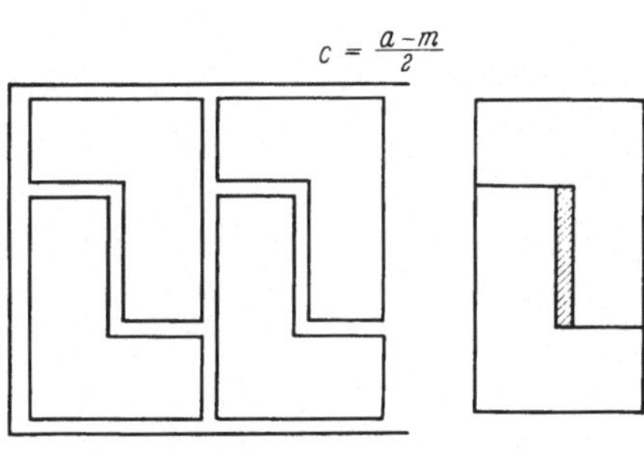

Abb. 49 a   Abb. 49 b

Verlust $\qquad\quad V = \dfrac{1}{2}\,(3\,a + 2\,b + 4\,m)\,m$ $\qquad\qquad V_0 = \dfrac{1}{2}\,f\,m$

Nutzung $\qquad\quad$ günstiger als oben $\qquad\qquad\qquad$ ungünstiger als oben

Schrifttum zu Abb. 38, 39, 47 a, 50 a/b, 51 a/b, 62: H. HILBERT [16].

Schräglage besonders geeignet bei schmalen Schenkeln.

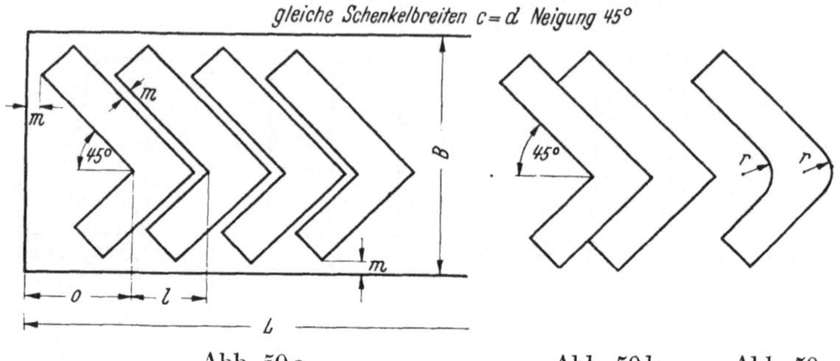

Abb. 50 a 　　　　　　Abb. 50 b　　　　Abb. 50 c

Streifenbreite　$B = a \cos\alpha + b \sin\alpha + 2m = 0{,}707\,(a + b) + 2m$

Vorschub　　　　$l = (c + m) : \sin\alpha = 1{,}414\,(c + m)$

Verbrauch　　　$W = B\,l = a\,d + b\,c - c\,d + V$

Verlust lfd.　　$V = c\,d + m\,(a + b + 2\,l)$

Anschnitt　　　$o = f \cos\alpha + m = 0{,}707\,f + m$

Werkstückzahl $Z = (L - o) : l$

Nutzung lfd.　$\eta = (a\,d + b\,c - c\,d) : B\,l$

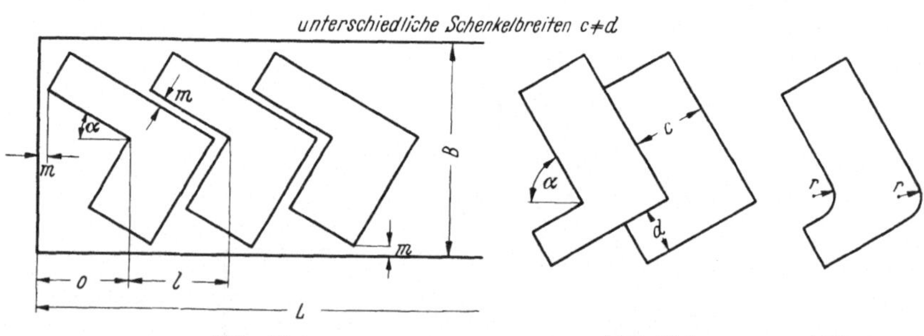

Abb. 51 a　　　　　　Abb. 51 b　　　　Abb. 51 c

Neigung　　　$\mathrm{tg}\,\alpha = \dfrac{c + m}{d + m}$　　　　　$\mathrm{tg}\,\alpha = \dfrac{c}{d}$

Streifenbreite　$B = a \cos\alpha + b \sin\alpha + 2m$

Vorschub　　　　$l = (c + m) : \sin\alpha$

Verbrauch　　　$W = B\,l = a\,d + b\,c - c\,d + V$

Verlust lfd.　　$V = c\,d + m\,(a + b + 2\,l)$

Anschnitt　　　$o = f \cos\alpha + m$

Werkstückzahl $Z = (L - o) : l$

Nutzung lfd.　$\eta = (a\,d + b\,c - c\,d) : B\,l$

Abb. 52

Verlustflächen, wenn die günstigen Voraussetzungen des Flächenschlusses nicht gegeben sind;

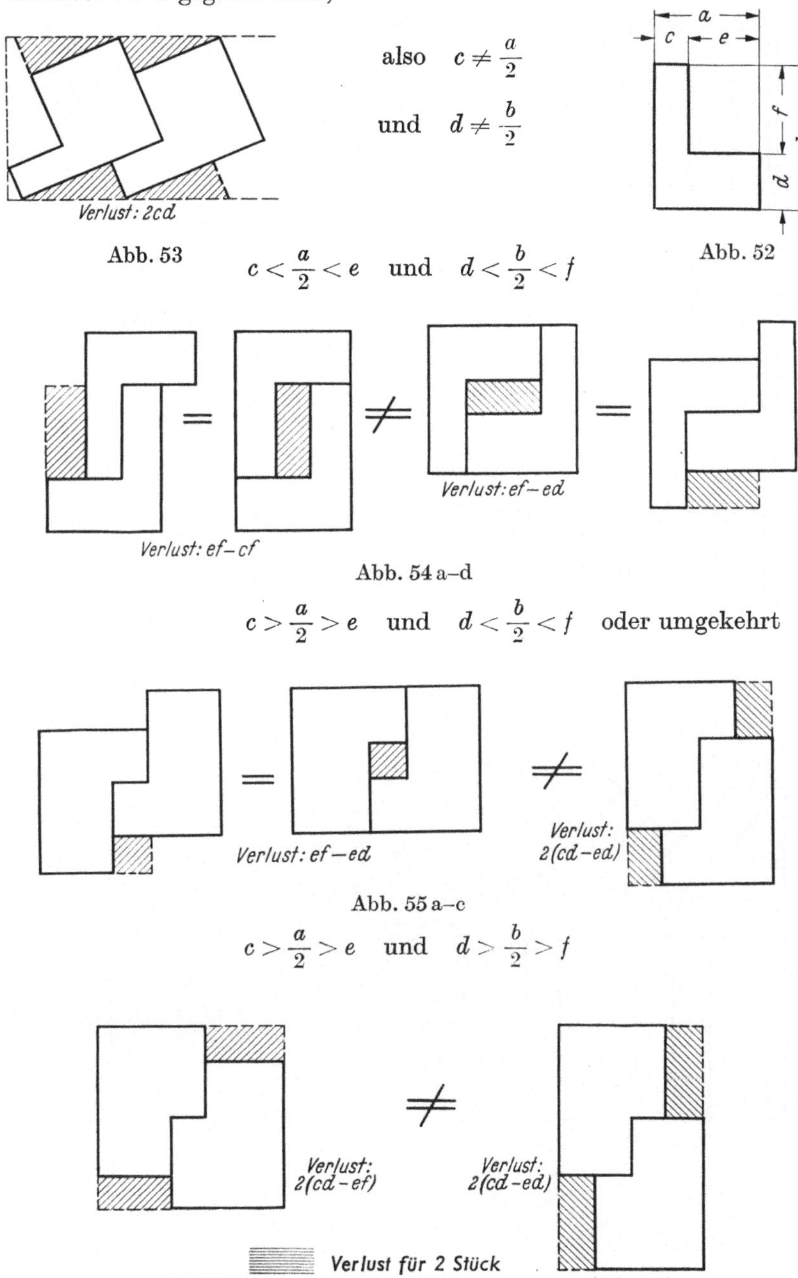

ausschneiden
Grat einseitig
Verbrauch
mm²
22·11 = 242
Nutzung
%
51,7
22
a
11
23·8,5 = 195,5
64
23
b
8,5
28·12 / 2 = 168
74,5
28
c
12
abschneiden
Grat wechselseitig
21·71 = 149,1
83,8
21
d
7,1
25·10 / 2 = 125
100
10
5
20
25
e
10
5

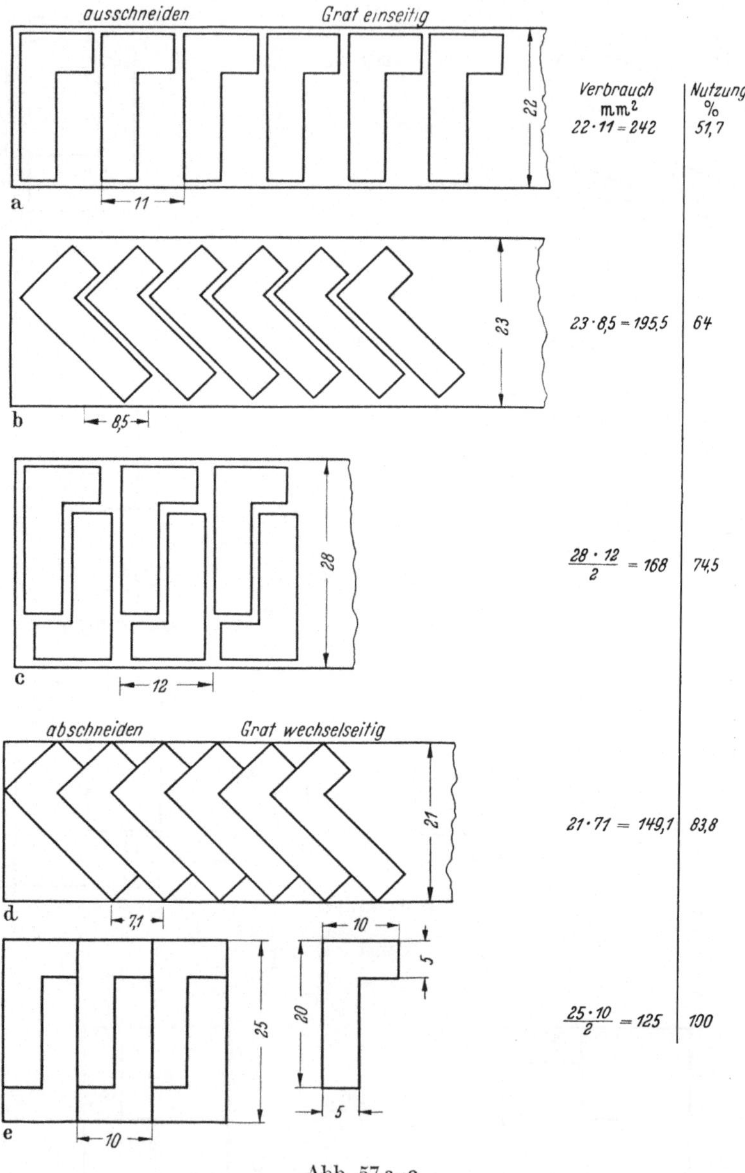

Abb. 57 a–e

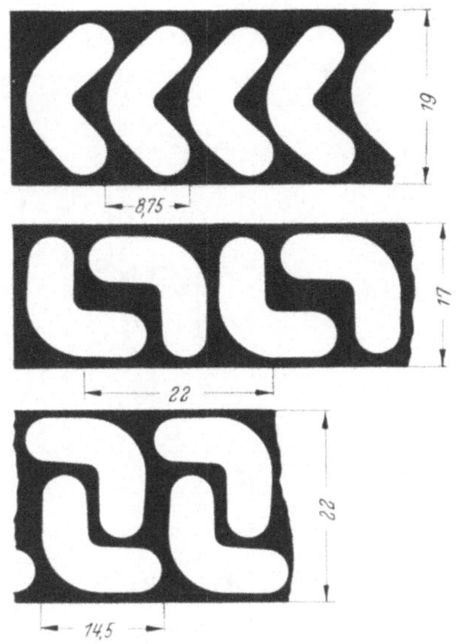

Abb. 58a–c. Vergleich

a) Schräglage (Einfachschnitt)
Verbrauch 166,25 mm²/Stk

b) Doppelte Anordnung
hintereinander (ungünstig)
Verbrauch 187 mm²/Stk

c) Doppelte Anordnung
nebeneinander (günstig)
Verbrauch 159,5 mm²/Stk

Abb. 59. Klavierhaken
der Winkel als Grundlage

Abb. 60. Schloßriegel

Die Gefahren des Doppelschnittes zeigt folgendes Ereignis:

Während einer langen Benutzungsdauer war die Schnittplatte wiederholt abgeschliffen worden und ihre Durchbrüche hatten sich allmählich erweitert, weil sie, wie üblich, schwach konisch gearbeitet waren. Jedoch war die Konizität beider Durchbrüche nicht ganz gleichmäßig, so daß eines Tages ein Umriß nicht mehr im Toleranzbereich lag. Hierdurch sperrten genau 50% der Schlösser nicht mehr, während die andere Hälfte noch brauchbar war. Die Ursache wurde erst nach vieler Mühe und großem Zeitaufwand entdeckt.

c) T-Formen

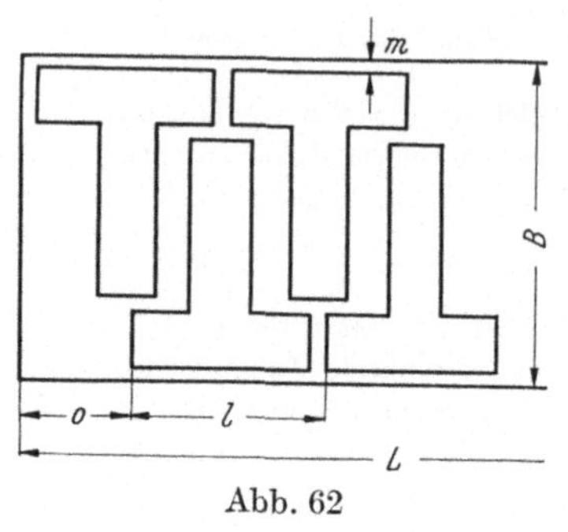

Abb. 62

Anordnung
für

$$a \approx 2\,c$$
$$b \gg 2\,d$$

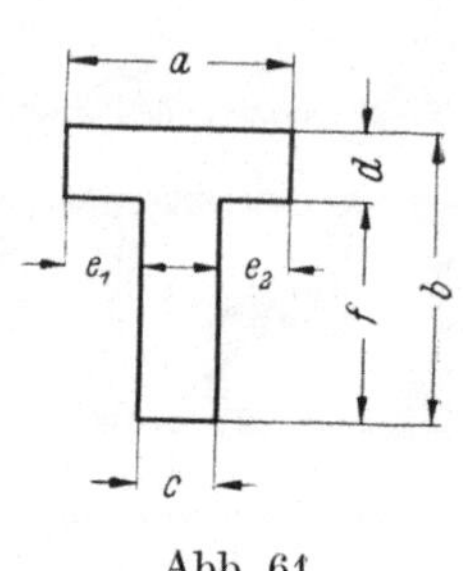

Abb. 61

Streifenbreite $B = b + d + 3\,m$

Vorschub $l = a + m$

Verbrauch $W = \dfrac{1}{2}\,(a\,b + a\,d + 3\,a\,m + b\,m + d\,m + 3\,m^2)$
$$= c\,b + d\,(e_1 + e_2) + V = B\,l$$

Verlust lfd. $V = \dfrac{1}{2}\,[3\,m\,(a + m) + 2\,m\,d + f\,(a + m - 2\,c)]$

Anschnitt $o = \dfrac{a}{2} + \dfrac{3}{2}\,m$

Werkstückzahl $Z = 2\,(L - o) : l$

Nutzung lfd. $\eta = [c\,b + (e_1 + e_2)\,d] : W$

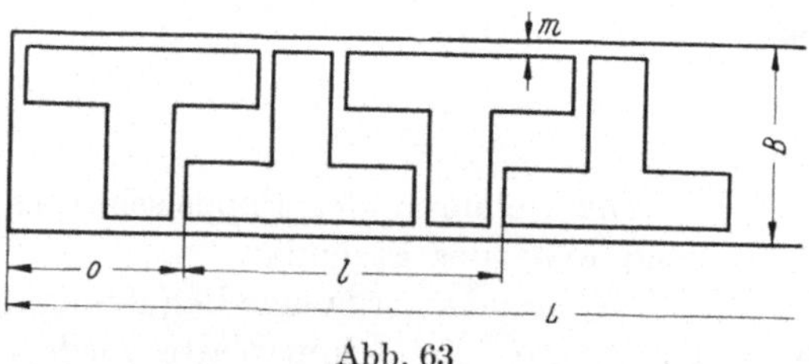

Abb. 63

$$a \gg 2\,c$$
$$b \approx 2\,d$$

Streifenbreite $B = b + 2\,m$

Vorschub $l = a + c + 2\,m$

Verbrauch $W = \dfrac{1}{2}\,(a\,b + b\,c + 2\,a\,m + 2\,b\,m + 2\,c\,m + 4\,m^2)$
$$= c\,b + d\,(e_1 + e_2) + V = B\,l$$

Verlust lfd. $V = m\,(a + c + d + f + 2\,m) + \dfrac{1}{2}\,(e_1 + e_2)\,(f - d)$

Anschnitt $o = \dfrac{a}{2} + \dfrac{c}{2} + 2\,m$

Werkstücke $Z = 2\,(L - o) : l$

Nutzung lfd. $\eta = [c\,b + d\,(e_1 + e_2)] : W$

Flächenschluß und hierdurch verlustfreies Abschneiden sind möglich bei folgenden Voraussetzungen:

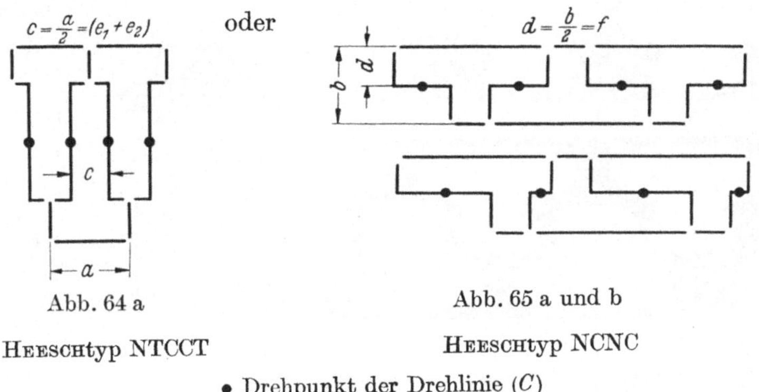

$$c = \frac{a}{2} = (e_1 + e_2)$$

oder

$$d = \frac{b}{2} = f$$

Abb. 64 a   Abb. 65 a und b

HEESCHtyp NTCCT   HEESCHtyp NCNC

• Drehpunkt der Drehlinie (C)

Günstige Lage für Rundecken und T-Form als Grundlage.

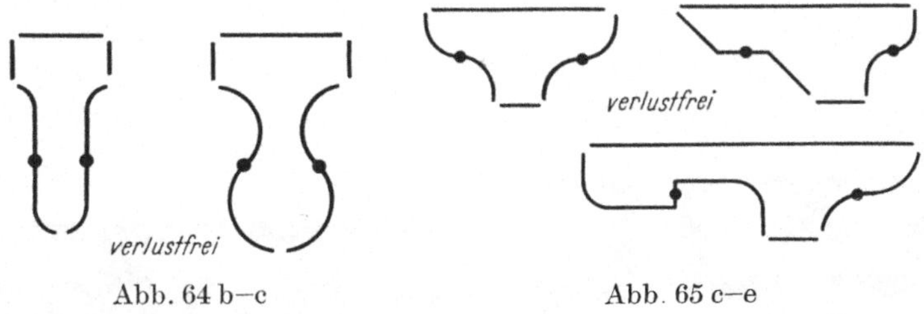

Abb. 64 b—c   Abb. 65 c—e

Mindestverluste, wenn keine Flächenschlußform vorliegt:

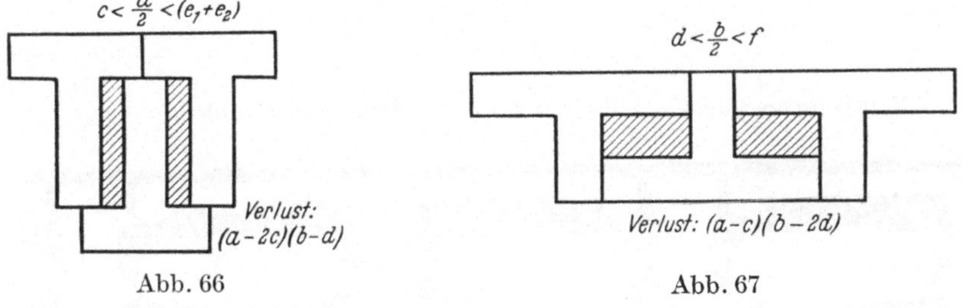

$$c < \frac{a}{2} < (e_1 + e_2)$$

$$d < \frac{b}{2} < f$$

Abb. 66   Abb. 67

Bei besonders sperrigen T-Formen empfiehlt sich eine Unterteilung, wobei aber der Zusammenbau Mehrarbeit erfordert, oder Nutzung großer Verlustflächen durch andere Teile (Abb. 71).

Vergleich verschiedener Anordnungen eines T Werkstückes

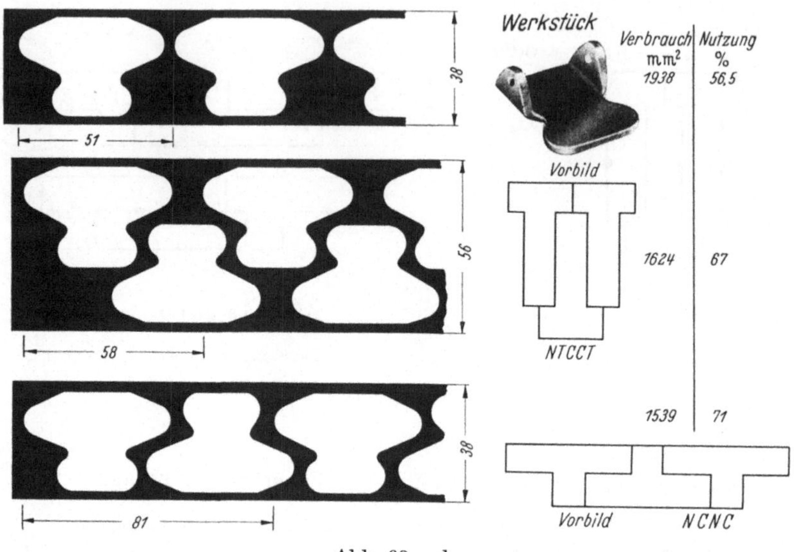

Abb. 68 a–d

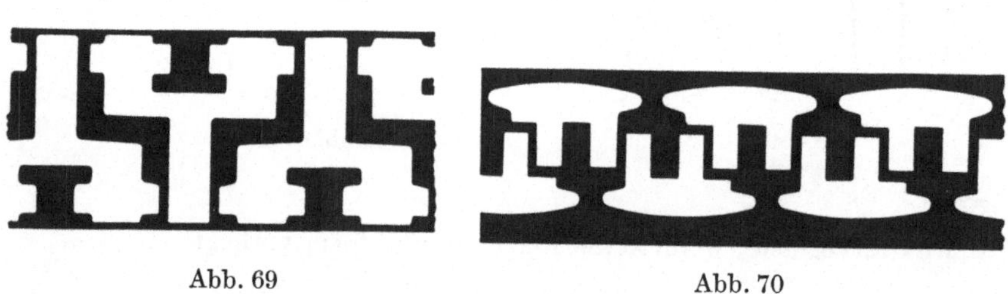

Abb. 69   Abb. 70

Nutzung großer Restflächen durch andere Werkstücke

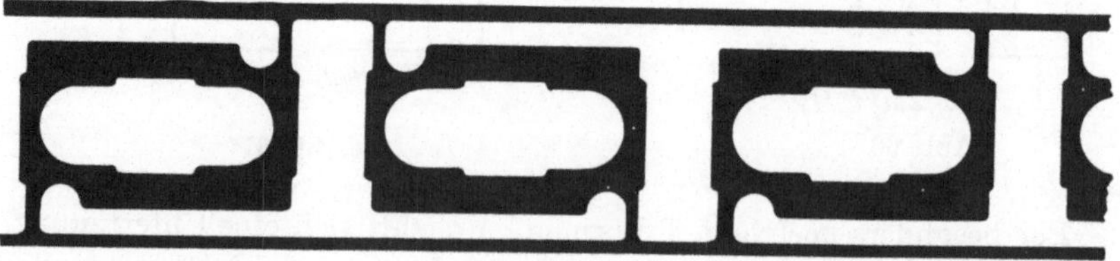

Abb. 71

d) I-Form

Für $g = a - c$ und $d = f_1$ ergeben sich Flächenschlußformen (siehe auch Abb. 64 c). HEESCHtyp
NTCCT.

Vergleiche auch S. 8/9 Abb. 16 mit HEESCHtyp
TCCTCC S. 60.

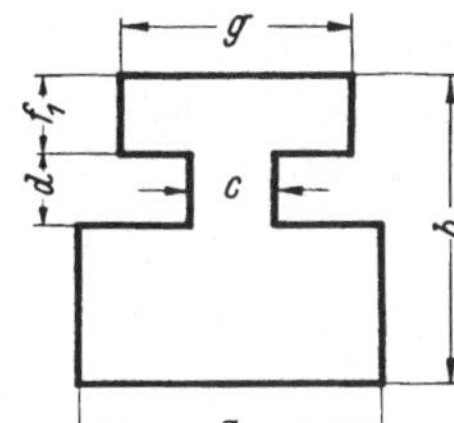

Abb. 72

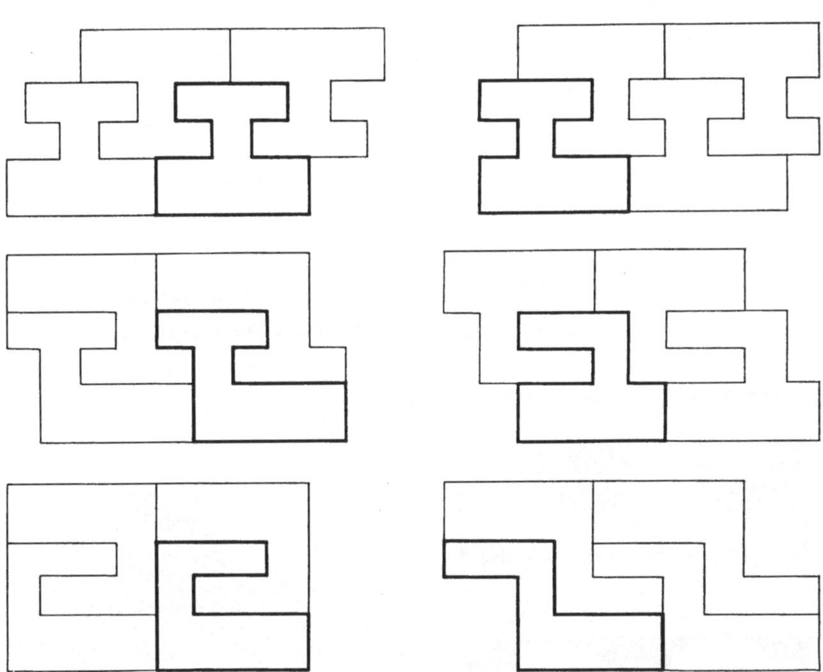

Abb. 73–78

HEESCHtyp NCC

Abb. 79

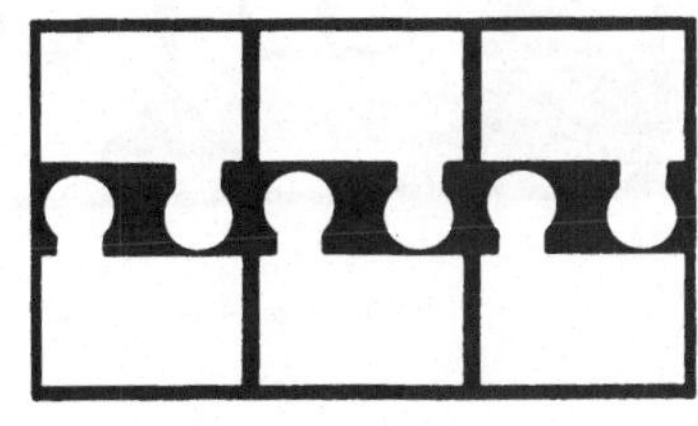

Abb. 80

e) U-Form

Zweckmäßige Maßänderung führt zu Flächenschlußform und in Doppelanordnung zu wesentlicher Ersparnis.

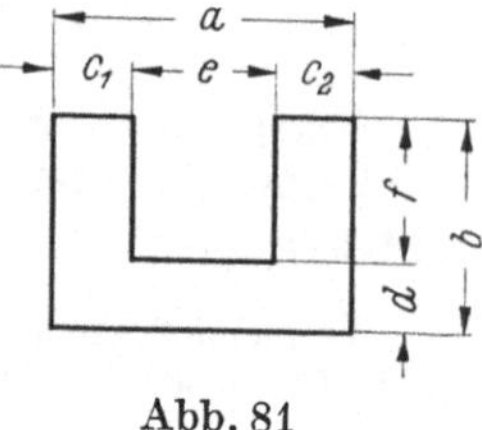

Abb. 81

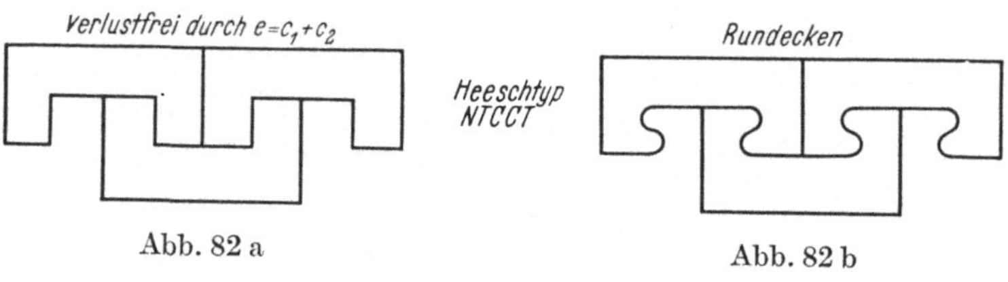

Abb. 82 a

Abb. 82 b

Schrifttum zu Abb. 82 a/b: KIENZLE [91].

Beim *Ausschneiden* muß $e \lesseqgtr (c_1 + c_2) + 3m$, was durch Verkleinerung von c_1 und c_2 erreicht wird, da zugleich e wächst, wenn a beibehalten wird.

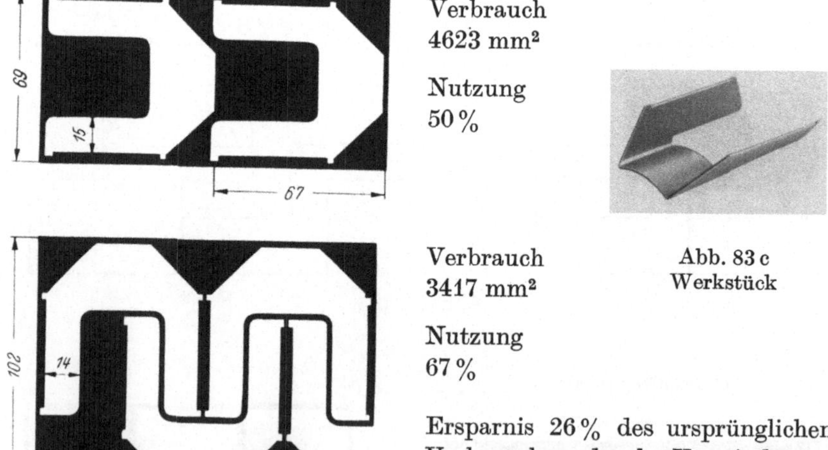

Verbrauch
4623 mm²

Nutzung
50 %

Abb. 83 c
Werkstück

Verbrauch
3417 mm²

Nutzung
67 %

Ersparnis 26 % des ursprünglichen Verbrauches durch Verminderung der Schenkelbreite von 15 mm auf 14 mm.

Abb. 83 a und b

1 mm *gab bei je 15 t eine Ersparnis von 3,9 t!*

Doppelschnitt mit unterschiedlichen Werkstücken

Für $e < (c_1 + c_2)$ oder $e \gg (c_1 + c_2)$ ergeben sich zuweilen große Verlustflächen. Diese nutzt man durch Ausfüllen mit anderen Werkstücken (Abb. 84). Durch Gegenüberlegen von zwei gleichen U-Teilen erzielt man besonders große Restflächen, die sich leichter verwerten lassen (Abb. 85).

Schrifttum Abb. 84/85: AWF 5971 [3].

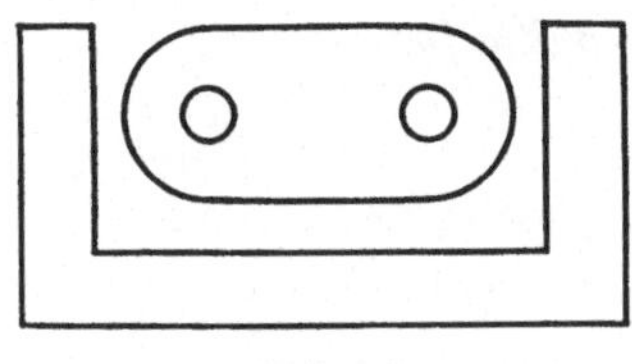

Abb. 84

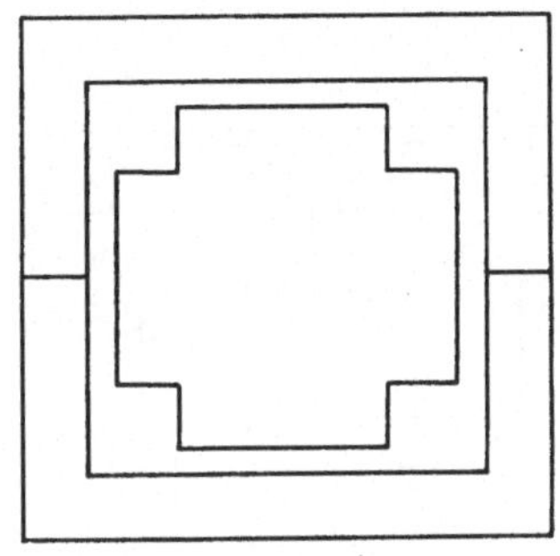

Abb. 85

Besondere Bedeutung kommt der Werkstoffnutzung durch unterschiedliche, aber zusammengehörige Teile zu. Der gleichzeitige Bedarf vermeidet Schwierigkeiten. Ersparnisse an Werkstoff und Arbeitszeit gehen Hand in Hand.

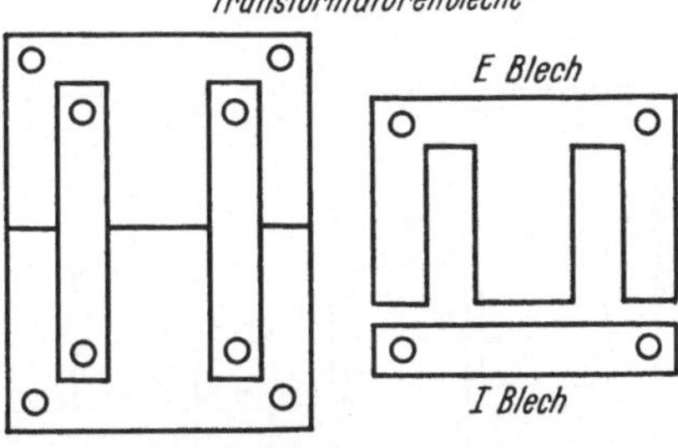

Abb. 86a—c

Schrifttum E. VERGEN [68].

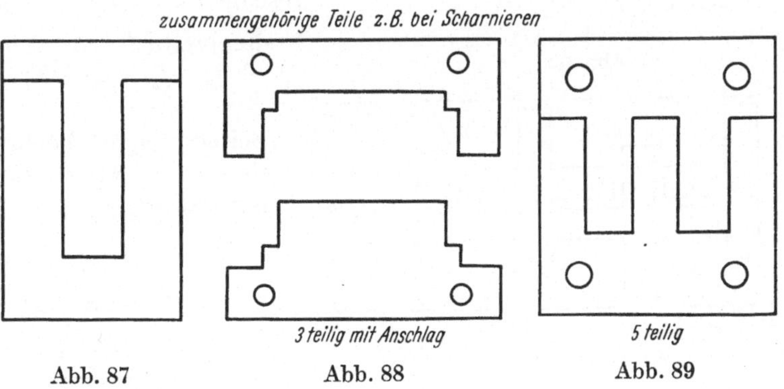

Abb. 87   Abb. 88   Abb. 89

f) Kreuzformen

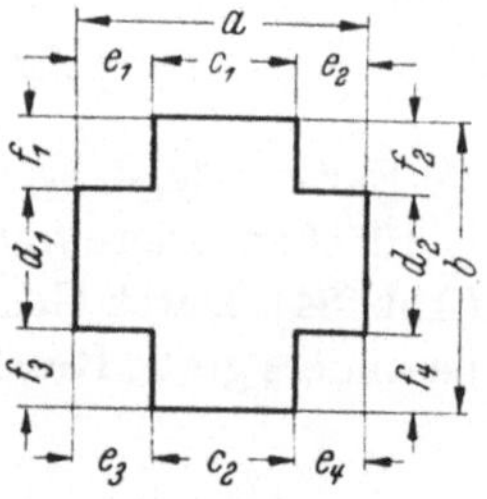

Abb. 90

Bei symmetrischen und unsymmetrischen Formen

gültig für

$$c_2 + 2\,m \gtreqless e_3 + e_4 + m$$
$$f_3 > f_4 > f_2 \text{ und } f_1$$

günstig bei $c_2 = 0,4 \div 0,5\,a$

Vorschub $l = a + m$

Anschnitt $o = \dfrac{a}{2} + \dfrac{3}{2}\,m$

Streifenbreite $B = b + 3\,m +$
$$+\, d_2 + f_2 = 2\,b + 3\,m - f_4$$

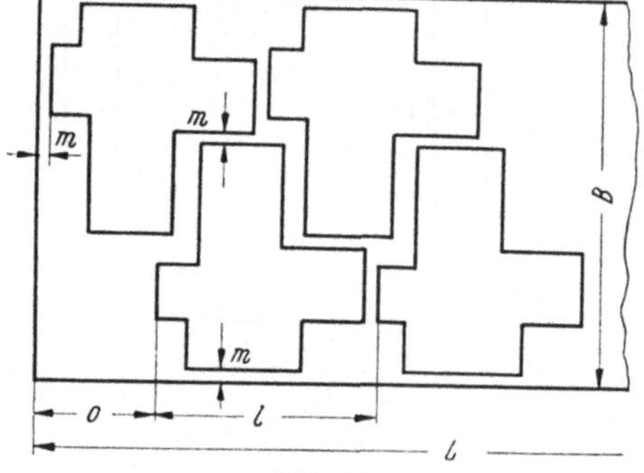

Abb. 91

Bei symmetrischen und unsymmetrischen Formen

gültig für

$$c_2 + 2\,m > e_3 + e_4 + m$$
$$f_3 > f_4 > f_2 \text{ und } f_1$$

günstig bei $c_2 = 0,5 \div 0,6\,a$

Vorschub
$$l = a + 2\,m + c_2 - (e_3 + e_4)$$
$$= 2\,c_2 + 2\,m$$

Anschnitt $o = \dfrac{1}{2}\,l = c_2 + m$

Streifenbreite $B = b + 3\,m +$
$$+\, d_2 + f_2 = 2\,b + 3\,m - f_4$$

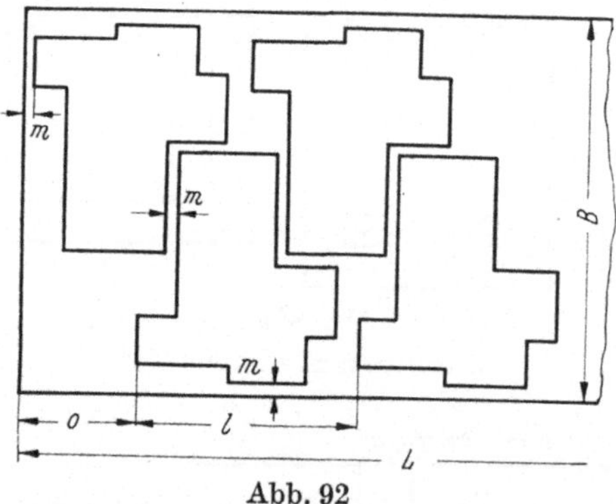

Abb. 92

Selten geeignet, höchstens für $c < 2,5\,a$, wobei Schräglage günstiger

$$l = a + c + 2\,m$$
$$o = c + e + 2\,m$$
$$B = 2\,f + 2\,d + 3\,m$$

Abb. 93

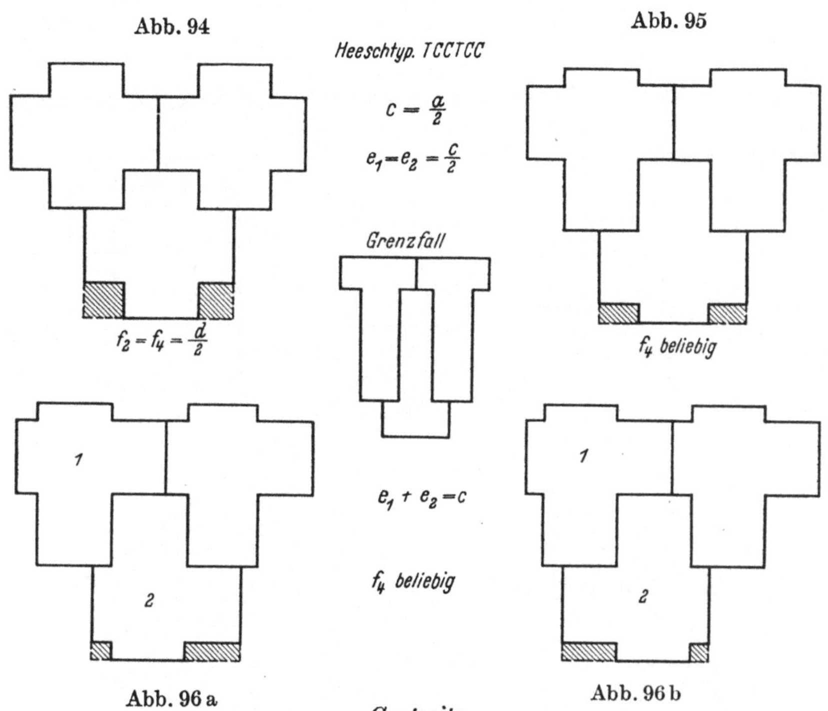

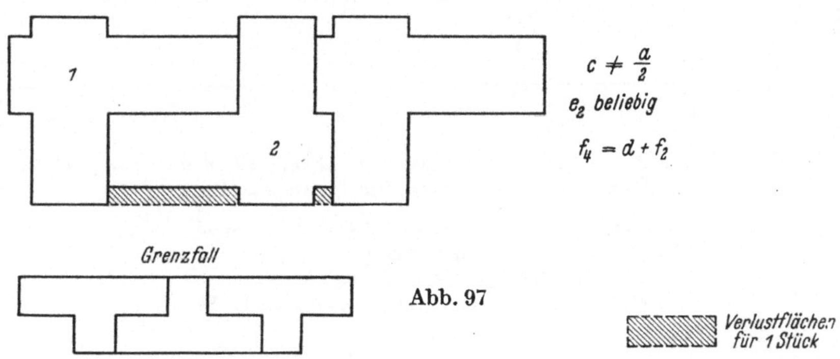

Gratseite

beim abfallosen Abschneiden:

Für 1 und 2 gleich   Für 1 und 2 verschieden,

beim Ausschneiden mit Gitter:

Für 1 und 2 verschieden   Für 1 und 2 gleich.

Gratseite beim Abschneiden für 1 und 2 verschieden, beim Ausschneiden mit Gitter für 1 und 2 gleich.

4*

Werkstoffnutzung und Berechnungsgrundlagen bei Schräglage für das Kreuz

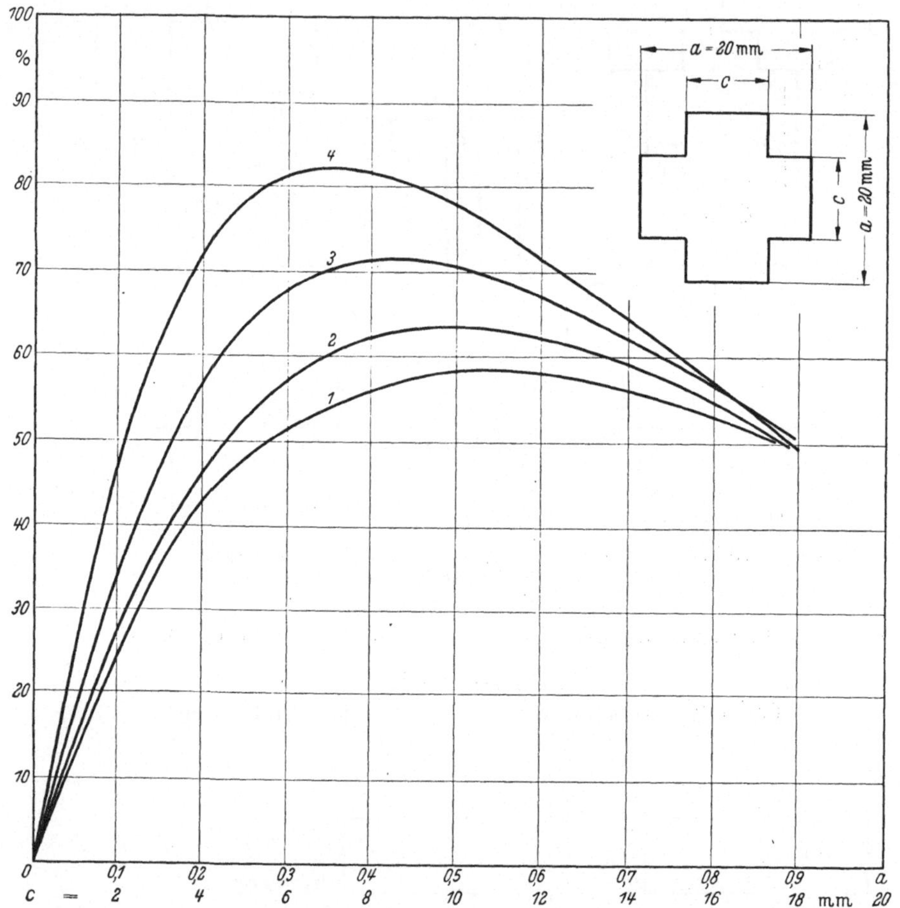

Abb. 98 a. Werkstoffnutzung bei Schräglage in Abhängigkeit von $c = f(a)$ für
$a = 20$ mm, $c = 0 \div 20$ mm, Stegbreite $m = 1$ mm

1 Band einfache Breitenanordnung, Schräglage 45°
2 Band einfache Breitenanordnung
3 Band zweifache Breitenanordnung
4 Tafelblech 2000 × 1000 mm ≈ Band 20fache Breitenanordnung

Volle Symmetrie $a = b \quad c = d \quad e_1 = e_2 = f_2 = f_4$

Neigung $\operatorname{tg} \alpha = \dfrac{c + m}{e + c + m}$

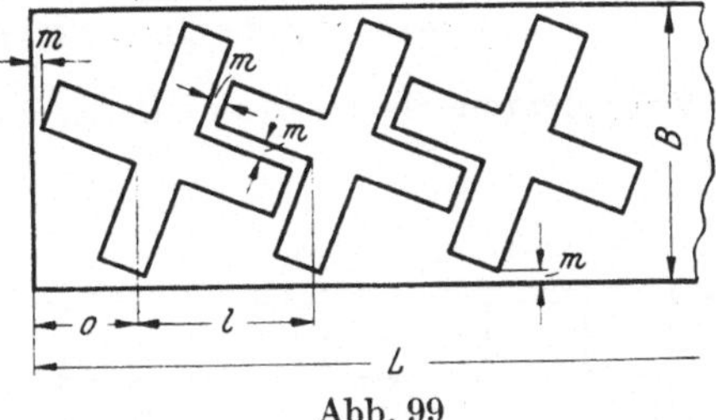

Abb. 99

für 1 Stück:

Nutzfläche $F = 2\,ac - c^2 = a^2 - 4\,e^2$

Verbrauch $W = l \cdot B$

Nutzung $\quad \eta = F : W$

Streifenbreite $B = a \cos \alpha + c \sin \alpha + 2\,m$

Vorschub $\qquad l = (c + m) : \sin \alpha \qquad$ Anschnitt $o = e \cos \alpha + m$

Verlust $V = a\,e + 2\,c^2 - a\,c + m\,(a + c + 2\,l) \quad$ Werkstückzahl $Z = (L - o) : l$

Bänder mehr-facher Breite

Vorschub
(wie oben)

$l = (c + m) : \sin \alpha$

Streifenbreite
B wie unten
beim Tafel-
blech

Tafelblech

Abb. 100

Länge der Blechtafel oder des Streifens

$$L = n_1 \frac{c + m}{\sin \alpha} - (c + m) \cos \alpha + (e - m) \sin \alpha + (e + c) \cos \alpha - e \sin \alpha + 2\,m$$

$$= n_1 l + e \cos \alpha + 2\,m - m\,(\cos \alpha + \sin \alpha)$$

Breite der Blechtafel oder des Streifens

$$B = \frac{(n_3 - 1)\,(e + c + m)}{\cos \alpha} + a \cos \alpha + c \sin \alpha + 2\,m$$

Gesamt-Stückzahl $Z = n_1 n_3$

*Berechnungsgrundlagen bei gerader versetzter An-
ordnung für Tafelblech und Breitband. Besonders
geeignet für* $c = 0,4 \div 0,5\,a$

Volle Symmetrie $a = b$ $c = d$ $e_1 = e_2 = f_2 = f_4$.

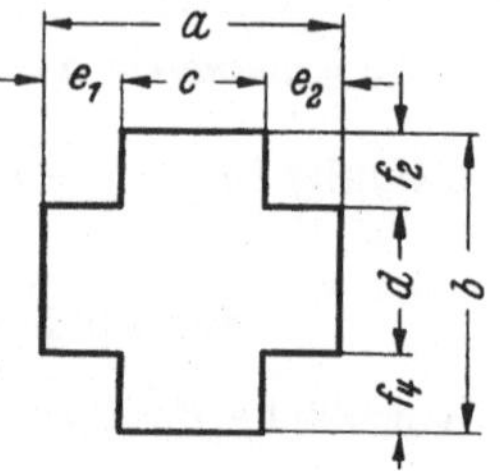

Abb. 101

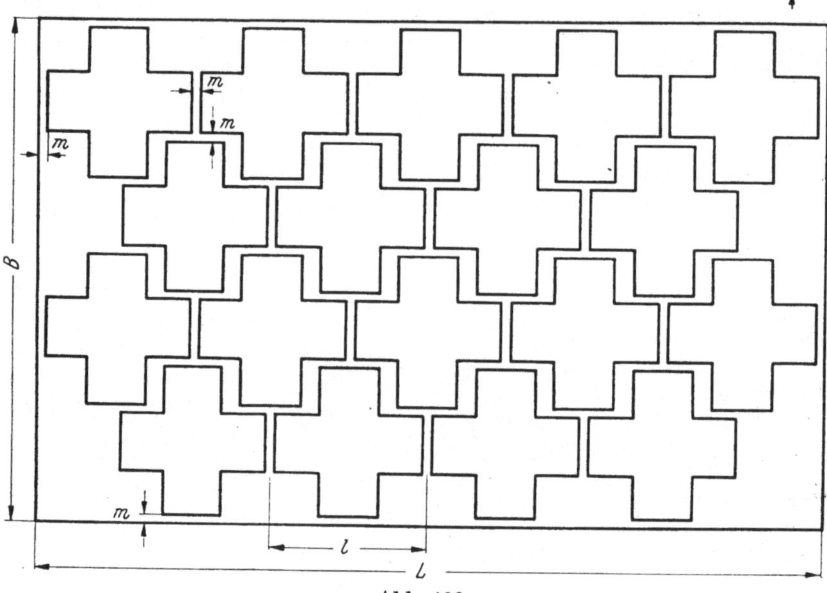

Abb. 102

Abmessungen der Blechtafel, Länge $(L) \cdot$ Breite (B).
Stegbreite (m) gilt auch an den Tafelrändern, sollen die Randstege breiter
gewählt werden, sind die Tafelabmessungen zu berichtigen.
$L_1 = $ Länge der 1. Reihe, $L_2 = $ Länge der 2. Reihe
$B = $ Breite bei gerader Reihenzahl, $B' = $ Breite bei ungerader Reihenzahl
$n = $ Gesamtstückzahl der Tafel aus Teilstückzahlen n_1, n_2, n_3, n_4
$$L_1 = n_1\,l + m = n_1\,(a + m) + m \qquad\qquad \text{1. Reihe}$$
$$L_2 = n_2\,l + 1/2\,l + m = n_2\,(a + m) + 1/2\,(a + m) + m \qquad \text{2. Reihe}$$
$B = n_3(a + c + 2\,m) + e + m$, bei gerader Reihenzahl $n = (n_1 + n_2)\,n_3$
$B' = n_4(a + c + 2m) + a + 2m$, bei ungerader Reihenzahl $n = (n_1 + n_2)\,n_4 + n_1$
Wird die Ausnutzungsmöglichkeit einer bestimmten Fläche (Normalblechtafel) geprüft, ist zu untersuchen, ob
    1. $n_2 = n_1$ oder $n_2 = n_1 - 1$ wird und
    2. B, also eine gerade Zahl von Reihen, oder B', also eine ungerade Zahl
von Reihen, in Frage kommt.

Gültig für $c + 2\,m \leqq 2\,e + m$.

Berechnungsgrundlagen bei gerader versetzter Anordnung für Tafelblech und Breitband. Besonders geeignet für $c = 0{,}5 \div 0{,}6\,a$

Volle Symmetrie $a = b \quad c = d \quad e_1 = e_2 = f_2 = f_4$.

Abb. 103

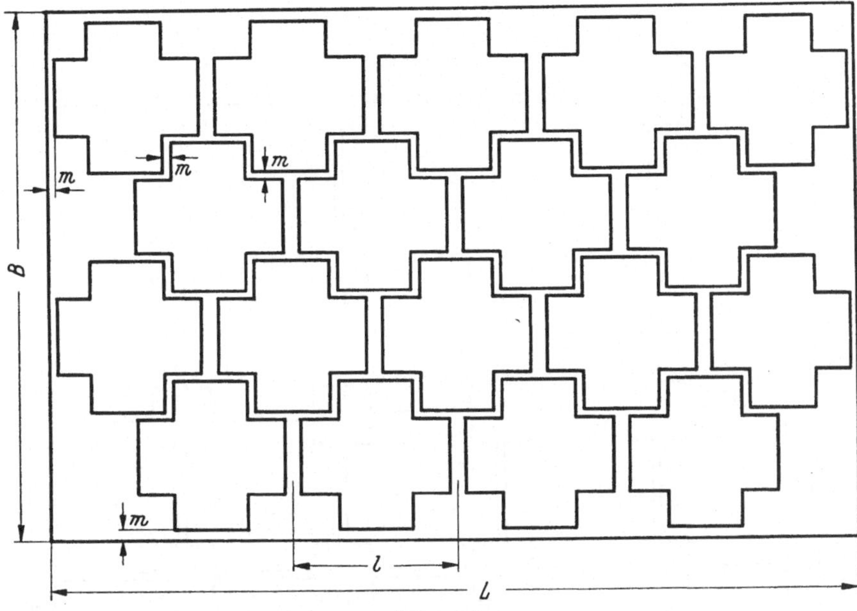

Abb. 104

Abmessungen der Blechtafel, Länge $(L) \cdot$ Breite (B).

Stegbreite (m) gilt auch an den Tafelrändern, sollen die Randstege breiter gewählt werden, sind die Tafelabmessungen zu berichtigen.

$L_1 =$ Länge der 1. Reihe, $L_2 =$ Länge der 2. Reihe

$B =$ Breite bei gerader Reihenzahl, $B' =$ Breite bei ungerader Reihenzahl

$n =$ Gesamtstückzahl der Tafel aus Teilstückzahlen n_1, n_2, n_3, n_4

$L_1 = n_1\,l_1 = n_1(a + 2m + c - 2e)$ 1. Reihe

$L_2 = n_2 l + 1/2\,l + m = n_2(a + 2m + c - 2e) + 1/2\,(a + 2m + c - 2e) + m$ 2. Reihe

$B = n_3(a + c + 2m) + e + m$,   bei gerader Reihenzahl $n = (n_1 + n_2)\,n_3$

$B' = n_4(a + c + 2m) + a + 2m$ bei ungerader Reihenzahl $n = (n_1 + n_2)\,n_4 + n_1$

Wird die Ausnutzungsmöglichkeit einer bestimmten Fläche (Normalblechtafel) geprüft, ist zu untersuchen, ob

    1. $n_2 = n_1$ oder $n_2 = n_1 - 1$ wird und

    2. B, also eine gerade Zahl von Reihen oder B', also eine ungerade Zahl von Reihen in Frage kommt.

Gültig für $c + 2m > 2e + m$.

*Berechnungsgrundlagen bei gerader Anordnung für
Tafelblech und Breitband. Besonders geeignet für*
$$c > 0{,}6\,a$$

Volle Symmetrie $a = b$ $c = d$ $e_1 = e_2 = f_2 = f_4$.

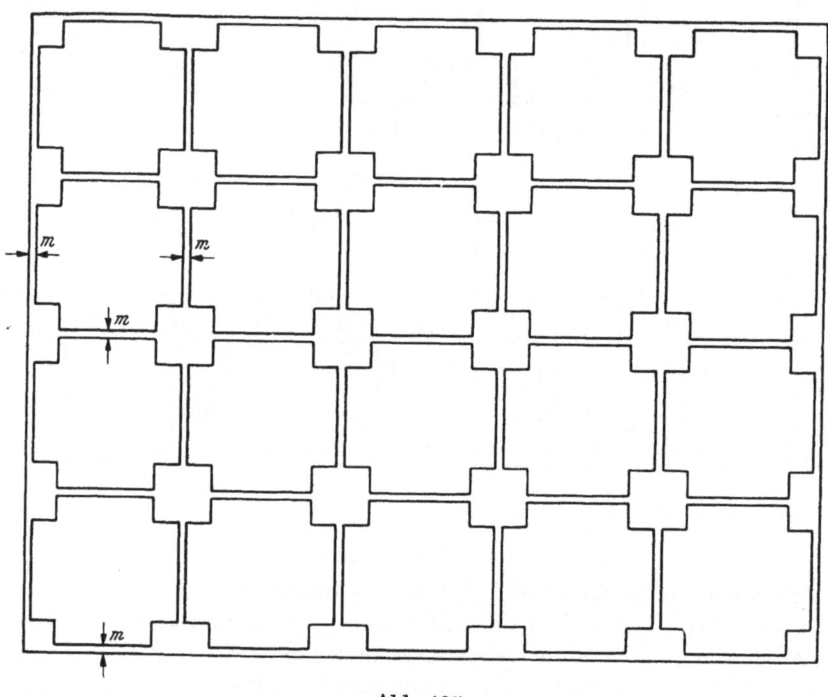

Abb. 105

Abmessungen der Blechtafel, Länge (L) · Breite (B).
Stegbreite (m) gilt auch an den Tafelrändern, sollen die Randstege breiter
gewählt werden, sind die Tafelabmessungen zu berichtigen.

$$L = n_1 l + m = n_1 (a + m) + m$$
$$B = n_3 (b + m) + m = n_2 (a + m) + m$$

Gesamtstückzahl $n = n_1\, n_3$

Nutzungsgrad bei geraden Anordnungen

Beispiel

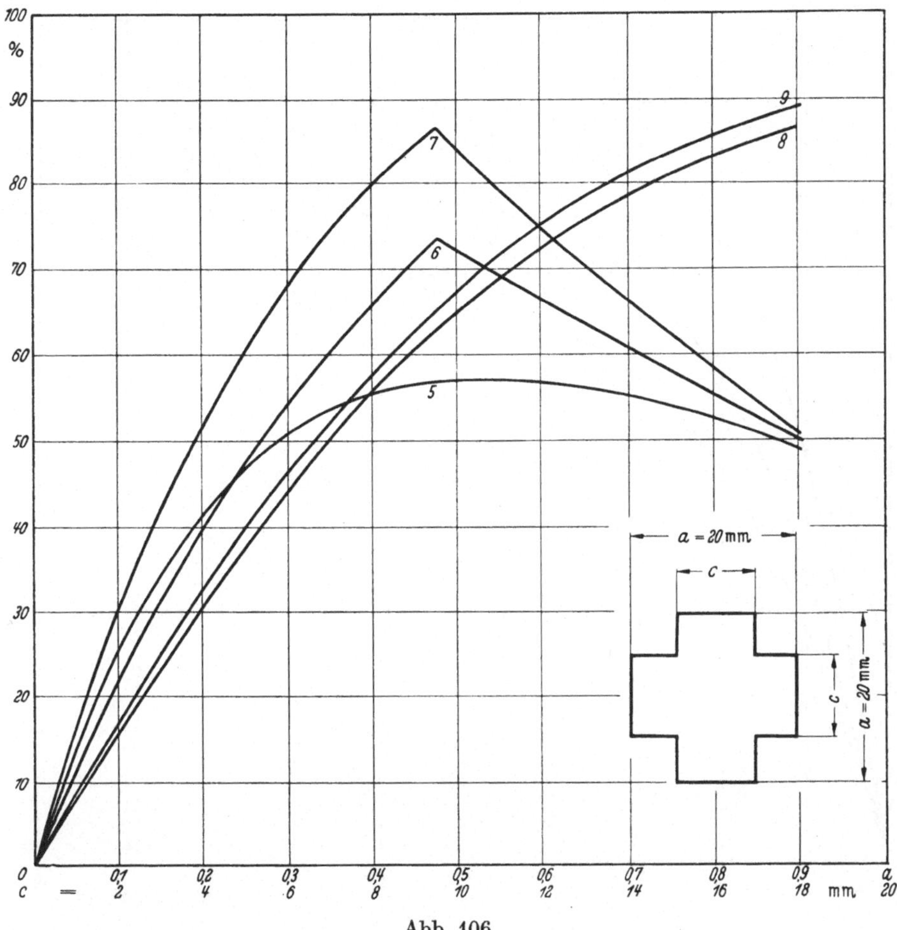

Abb. 106

Werkstoffnutzung bei gerader Lage in Abhängigkeit von $c = f(a)$ für $a = 20$ mm, $c = 0 \div 20$ mm, Stegbreite $m = 1$ mm.

5 Band zweifache Breitenanordnung versetzt

6 Band zweifache Breitenanordnung versetzt

7 Tafelblech 2000 · 1000 mm versetzt

8 Band einfache Breitenanordnung nebeneinander

9 Tafelblech 2000 · 1000 mm nebeneinander

Günstigster Nutzungsgrad bei verschiedenen Bandbreiten

Beispiel

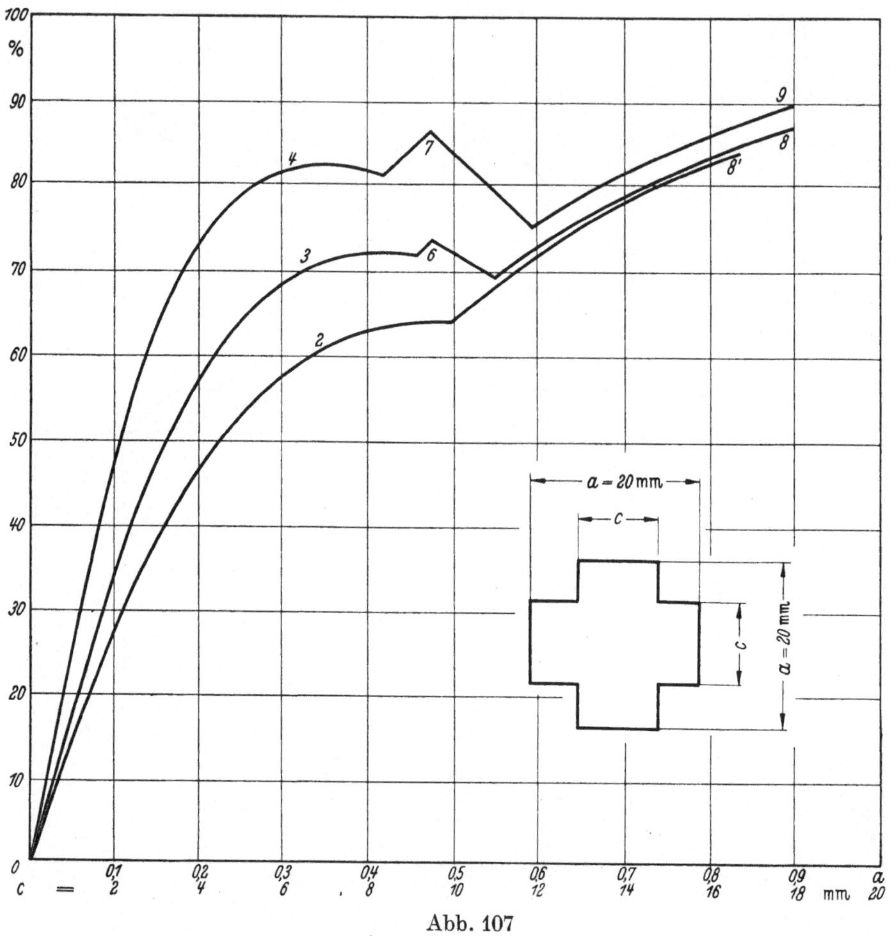

Abb. 107

Günstigste Werkstoffnutzungen in Abhängigkeit von $c = f(a)$ für $a = 20$ mm, $c = 0 \div 20$ mm, Stegbreite $m = 1$ mm.

2,8′ Band einfache Breitenanordnung, schräge Lage (2) und gerade Lage (8′)

3, 6, 8 Band zweifache Breitenanordnung, schräge Lage (3), gerade Lage versetzt (6), nebeneinander (9)

4, 7, 9 Tafelblech 2000 · 1000 mm, schräge Lage (4), gerade Lage versetzt (7), nebeneinander (9)

Werkstoffverbrauch bei verschiedenen Anordnungen

Beispiel

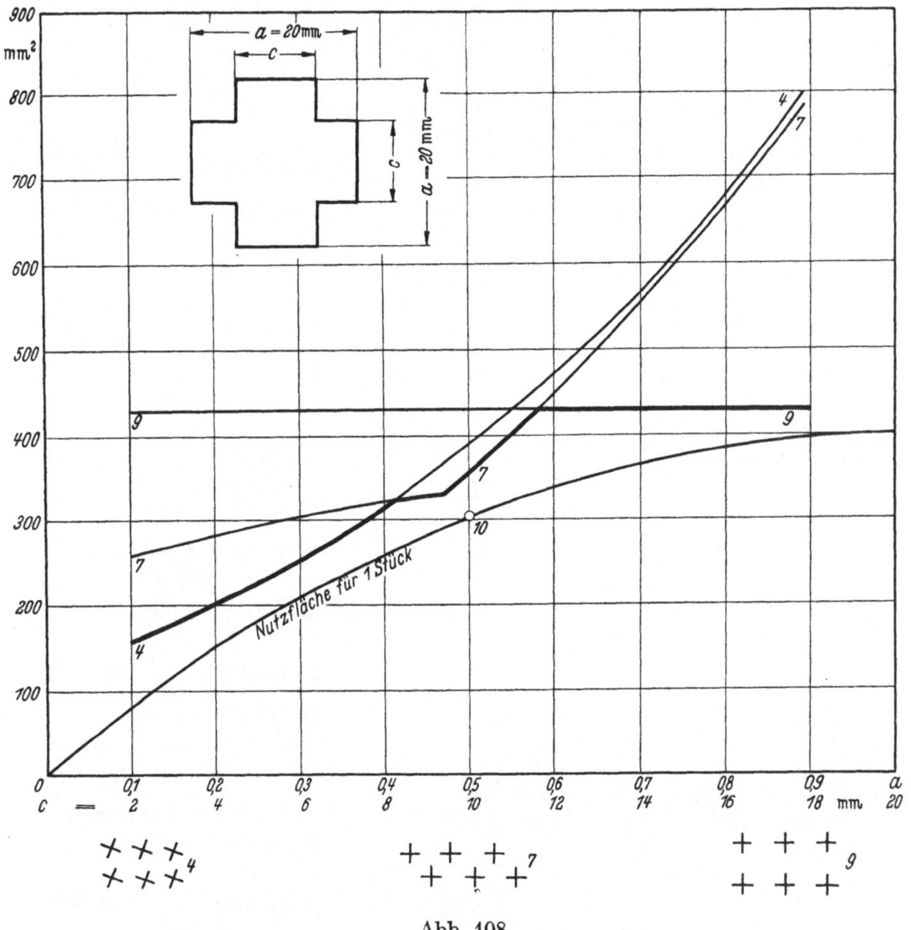

Abb. 108

———— Geringster Werkstoffverbrauch in Abhängigkeit von $c = f(a)$ bei
$a = 20$ mm, $c = 0 \div 20$ mm, Stegbreite $m = 1$ mm.

Günstigste Anordnung:
4 für $c = 0 \div 0,4\,a$ $(0 \div 8$ mm$)$ Schräglage
7 für $c = 0,4\,a \div 0,6\,a$ $(8 \div 12$ mm$)$, gerade Lage versetzt
9 für $c = 0,6\,a \div a$ $(12 \div 20$ mm$)$, gerade Lage
10 Bei $a = 20$ mm, $c = 10$ mm, Steigbreite 0 mm, abfalloses Abschneiden, Werkstoffverbrauch für 1 Stück 305 mm², Anordnung wie 7

Berechnungsgrundlagen und Vergleich verschiedener Anordnungen

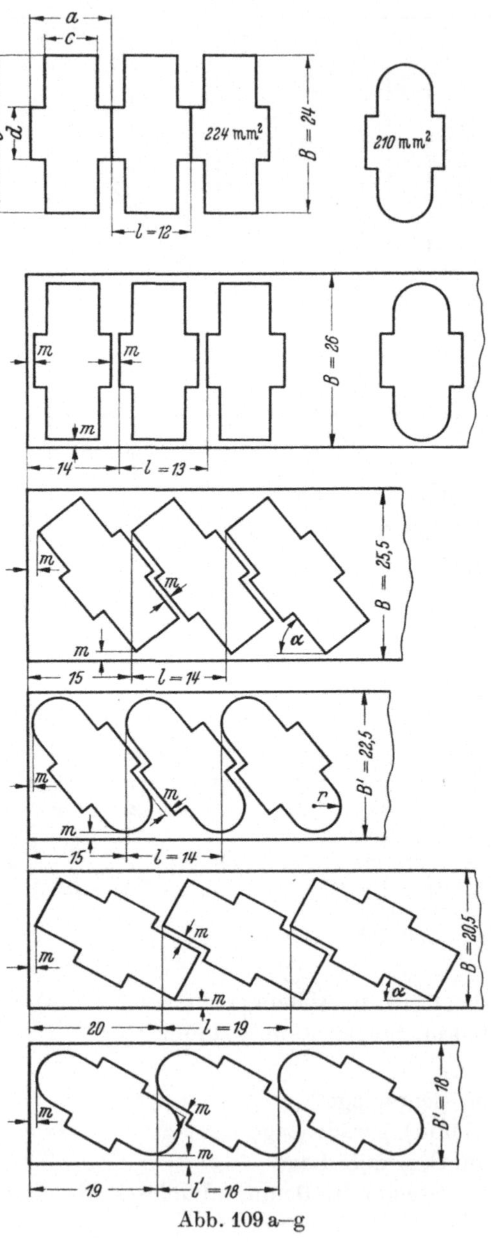

Abb. 109 a—g

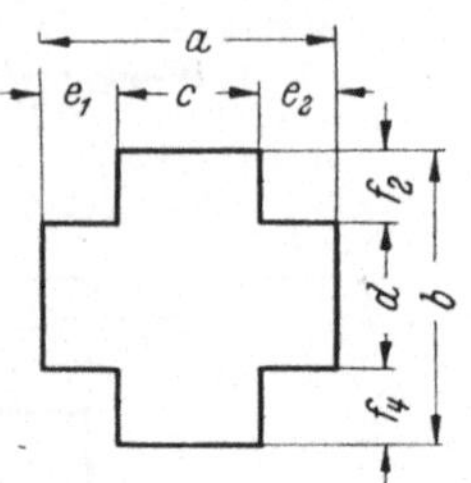

Werkstoffverbrauch lfd.	Nutzungsgrad
288 mm²	**78** %
rund	**73** %

$$l = a \quad B = b$$

338 mm²	**66,3** %
rund	**62,2** %

$$l = a + m \quad B = b + 2m$$

357 mm²	**62,8** %

$$\operatorname{tg}\alpha = \frac{a + c + 2m}{2(d + m)}$$

$$l = \frac{a + c + 2m}{2\sin\alpha}$$

$$B = b\sin\alpha + c\cos\alpha + 2m$$

315 mm²	**66,6** %

$\operatorname{tg}\alpha$; l wie vor. $B' = B - A$

$$-A = -2r(\sin\alpha + \cos\alpha - 1)$$

$$= -c(\sin\alpha + \cos\alpha - 1)$$

$-A =$ Ersparnis durch Rundung

389,5 mm²	**57,6** %

$$\operatorname{tg}\alpha = \frac{2(c + m)}{b + d + 2m}$$

$$l = \frac{c + m}{\sin\alpha}$$

$$B = b\sin\alpha + \cos\alpha + 2m$$

gültig für:

$$(a - c)\cos\alpha \leqq (b - d)\sin\alpha$$

324 mm²	**64,8** %

$B' = B - A$ s. o. $l' < l$

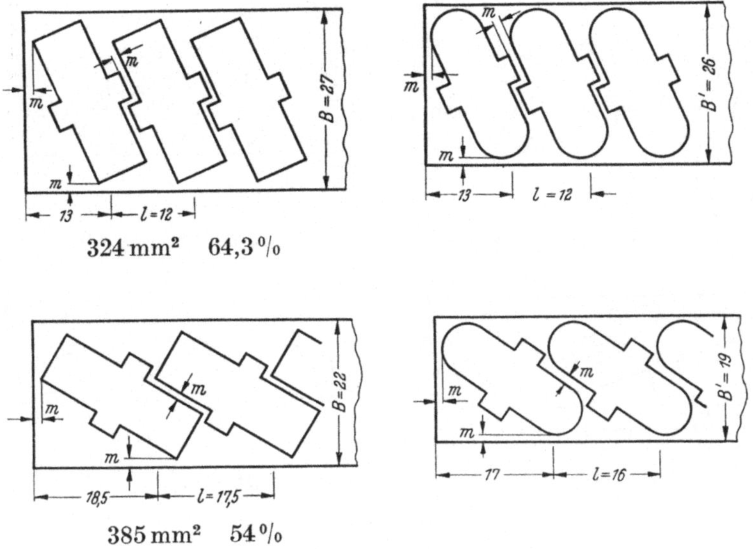

$$324\,\text{mm}^2 \quad 64{,}3\,\%$$

$$385\,\text{mm}^2 \quad 54\,\%$$

Abb. 110 a—d

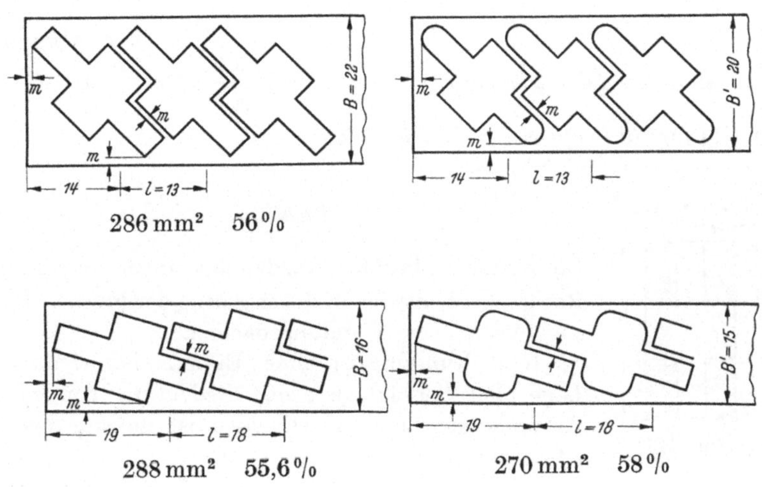

$$286\,\text{mm}^2 \quad 56\,\%$$

$$288\,\text{mm}^2 \quad 55{,}6\,\% \qquad 270\,\text{mm}^2 \quad 58\,\%$$

Abb. 111 a—d

Werkstoffverbrauch bei senkrechter Anordnung für alle Formen:
beim Abschneiden 288 mm², beim Ausschneiden 338 mm².

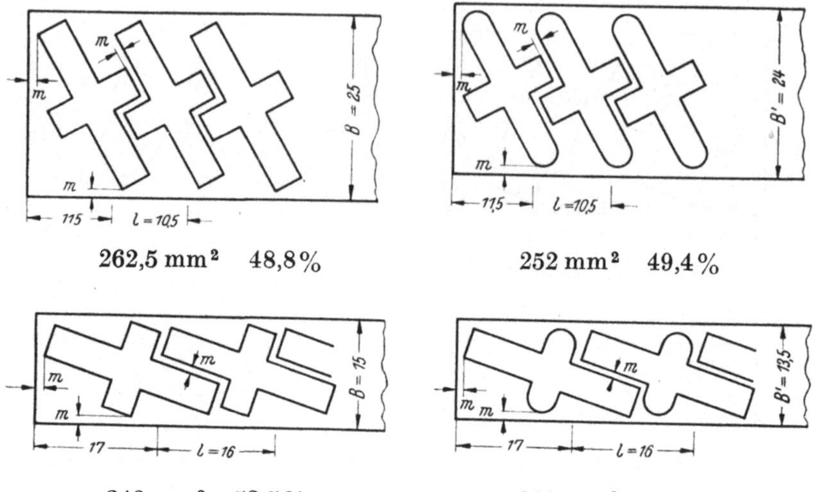

262,5 mm² 48,8 %   252 mm² 49,4 %

240 mm² 53,5 %   216 mm² 57,7 %

Abb. 112a–d

$$\operatorname{tg}\alpha = \frac{b+d+2\,m}{2\,c}$$

$$l = \frac{c}{\sin\alpha}$$

$\operatorname{tg}\alpha$ und l wie nebenan

$$-A = -2\,r\,(\sin\alpha + \cos\alpha - 1)$$
$$= -2\,d\,(\sin\alpha + \cos\alpha - 1)$$

bei Abrundung

$$B = (b + 2\,d + 2\,m)\sin\alpha + (a + c + 2\,m)\frac{\cos\alpha}{2} + 2\,m; \qquad B' = B - A$$

gültig für: $(a - c)\cos\alpha \gtreqless (b - d)\sin\alpha$.

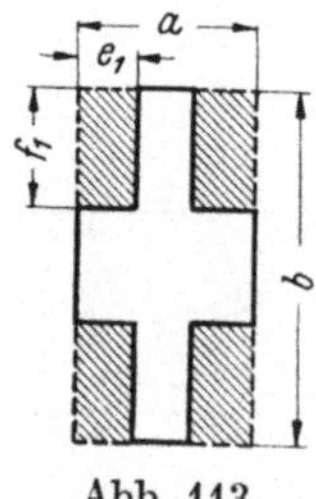

Abb. 113

Richtlinien

Die einzelnen Formen wurden aus einem gemeinsamen Rechteck $a\,b$ entwickelt durch Abzug der Flächen
$e\,f = 4\,e_1 f_1 +$ ev. Rundungsflächen.

$e\,f$ (und Rundungen) ohne Einfluß bei senkrechter Lage. Bei Schräglage große Bedeutung von $e\,f$ und Abrundungen. Das Abschneiden ist günstig bis etwa $e\,f < 1/3\,a\,b$.

Werkstoffnutzung beim Ausschneiden:

$e\,f \leqq 1/4\,a\,b$ senkrechte Lage
$e\,f > 1/4\,a\,b$ aber $< 1/2\,ab$ steile Schräglage $\alpha \approx 60°$
$e\,f > 1/2\,a\,b$ flache Schräglage $\alpha \approx 30°$

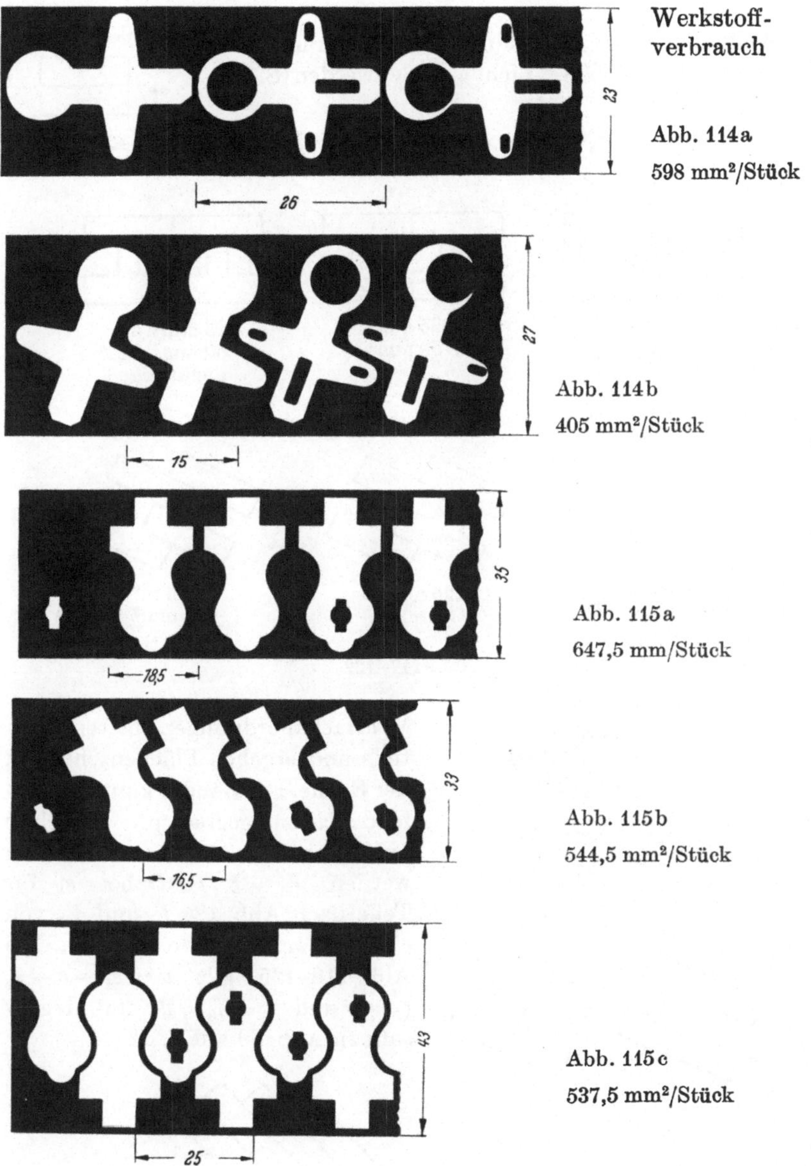

Jeweils das letzte Werkstück ist Ausschuß infolge 1 mm Vorschubdifferenz, s. S. 61 und 84.

g) I und H-Form

Wenn $d < (f_1 + f_3)$ ist, kann eine Doppelreihe nach dem HEESCHtyp TCCTCC nicht gebildet werden (S. 8–9, Abb. 16).

Gültig für $e_1 = e_2 = e_3 = e_4 = e$ und $f_1 = f_2 = f_3 = f_4 = f = d$

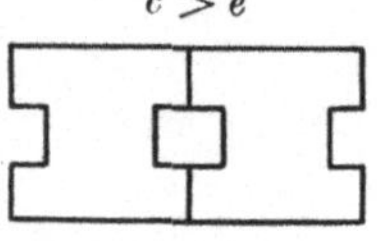
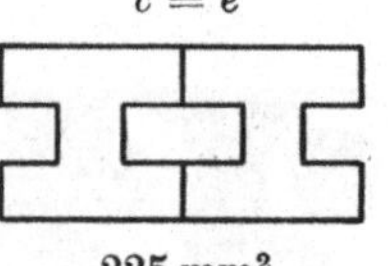
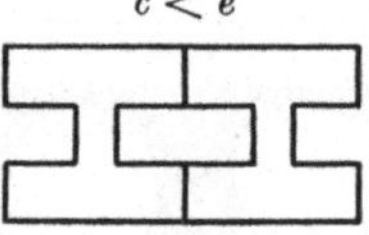

Abb. 116

$c > e$	$c = e$	$c < e$

Verbrauch 225 mm²	225 mm²	225 mm² $a\,c$
Verlust/Stück 30 mm²	50 mm²	60 mm² $2\,e\,d$
günstig		ungünstig

Schräglage: $\operatorname{tg} \alpha = f : (c + e)$

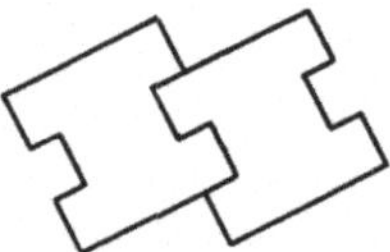
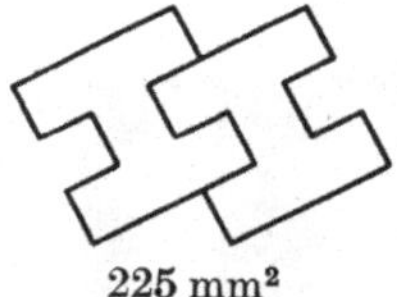
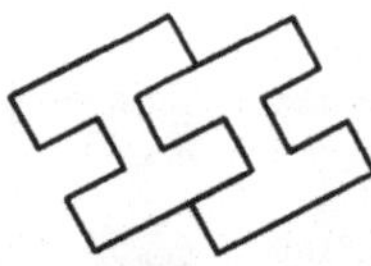
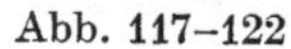

Verbrauch 255 mm²	225 mm²	210 mm²
Verlust/Stück 60 mm²	50 mm²	45 mm² $(c + e)\,d$
ungünstig bei 1 Reihe		günstig

Abb. 117–122

Mehrfachanordnungen bieten Vorteile und ergeben Flächenschluß in der Ebene. Für Bänder kann der laufende Nutzungsgrad pro Vorschub aus Abb. 20, S. 13, entnommen werden. $V_1 = F : t$. Dabei ist für Teile nach Abb. 124 F und V_1 von einem Paar zugrunde zu legen. Bei Abb. 116–125 gilt $a = e_1 + c + e_2$ $(= g)$ und $f_1 = f_3 = d$, im Gegensatz zu Abb. 19 auf S. 12.

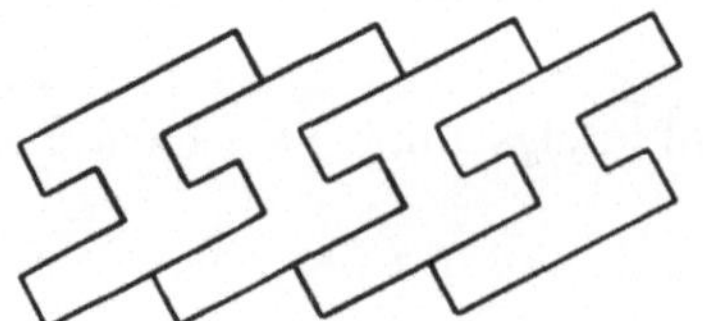

Abb. 123–126

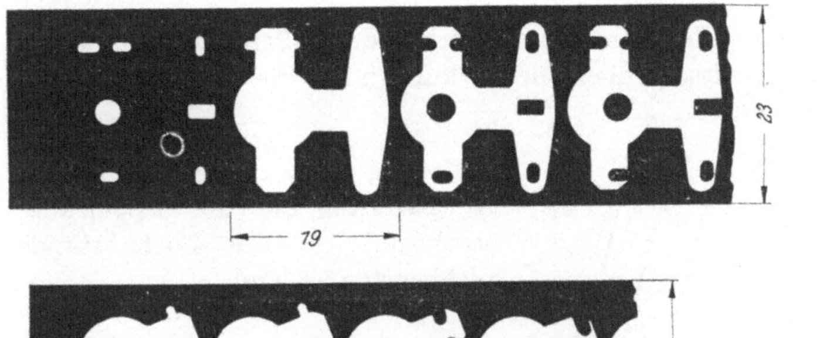

Abb. 127a

Werkstoff-
verbrauch:
437 mm²

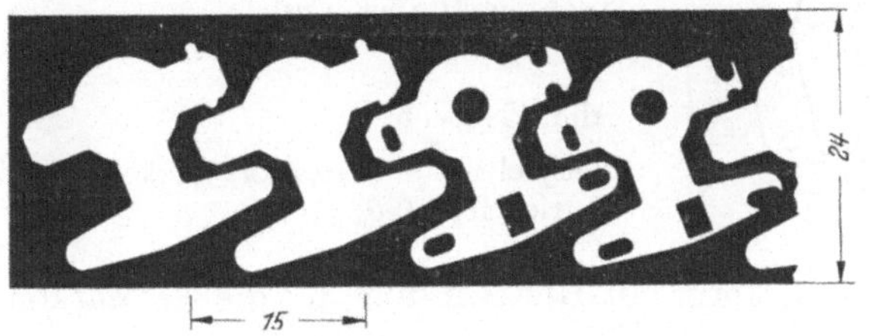

Abb. 127b

Werkstoff-
verbrauch:
360 mm²

Hinweise zu den Abb. 114a u. b, 115a–c und 127a u. b. Diese Werkstücke werden auf Folgewerkzeugen hergestellt. Daher sind die Folgen einer Vorschub-differenz für die vorgelochten Ausschnitte zu beachten (s. S. 84f). Diese zeigt jeweils das letzte Ausschußteil, während das vorletzte Werkstück den Sollzustand darstellt.

Die geraden Anordnungen 114a und 127a sind wenig empfindlich, weil die Symmetrieachse in der Vorschubrichtung liegt und daher selbst die Ausschußteile noch symmetrisch sind. Sie wurden daher trotz des höheren Werkstoffverbrauches in der Praxis gewählt.

Die Schräglage 114b und 127b birgt große Gefahren bei engtolerierten Werk-stücken. Bei Vorschubdifferenzen verschieben sich die vorgelochten Ausschnitte schief zur Symmetrieachse. Die Schräglage 122b konnte in der Praxis ausgeführt werden, da bei diesem Werkstück nur mäßige Ansprüche an die Genauigkeit gestellt werden. Dabei ergibt die Schräglage selbst beim Einfachschnitt eine gute Werkstoffnutzung.

Der Doppelschnitt 115c erfordert eine besondere sorgfältige Einteilung und Einstellung, was die Werkzeugkosten erhöht. Vorschubdifferenzen wirken sich auf die obere Reihe entgegengesetzt aus wie auf die untere (s. S. 82). Dies erlangt besondere Bedeutung, wenn die Gratseite beachtet werden muß.

Abb. 128

5a   Schachtel, Blechteile

h) Sperrige Teile

Bei sperrigen Teilen ergibt die Änderung der äußeren Form zuweilen erhebliche Ersparnisse, wobei Rückwirkungen auf die Gesamtkonstruktion eintreten können.

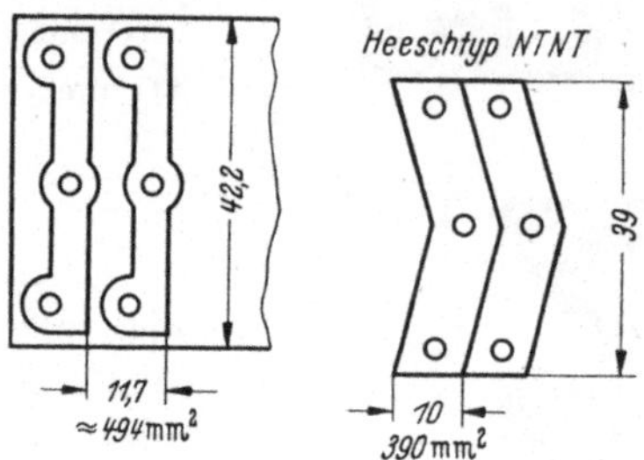

Änderung der äußeren Form ohne Rückwirkung auf die Gesamtkonstruktion, da die Lochabstände nicht geändert sind.

Abb. 129a u. b

Beispiel aus F. STRASSER, Werkstatt und Betrieb 1952 [90]

Änderung der äußeren Form mit Rückwirkung auf die Gesamtkonstruktion.

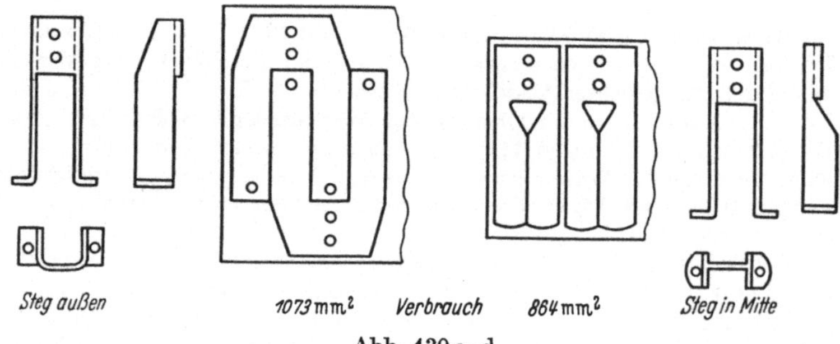

Abb. 130 a–d

Beispiel aus AWF 5971, Stanzereitechnik [3]

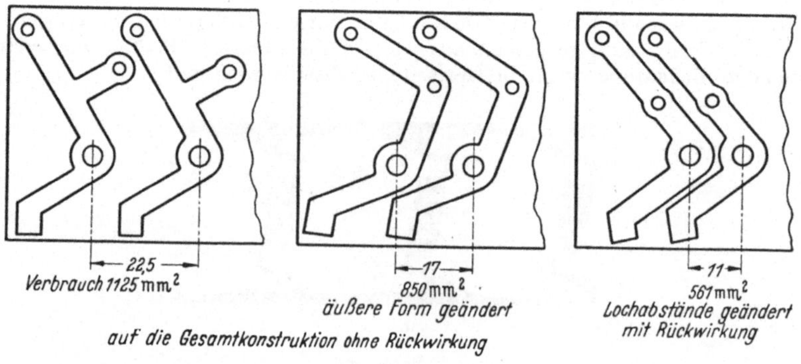

auf die Gesamtkonstruktion ohne Rückwirkung

Abb. 131 a–c

Beispiel aus AEG, Winke für den Konstrukteur [2]

Ersparnisse an Werkstoff bei sperrigen Teilen durch zusätzlichen Arbeitsaufwand.

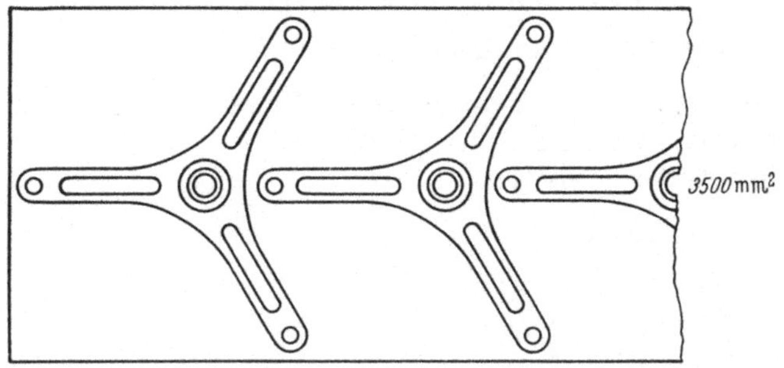

Beispiel aus
AWF 5971 [3]

Aus 2 Teilen zusammengesetzt.

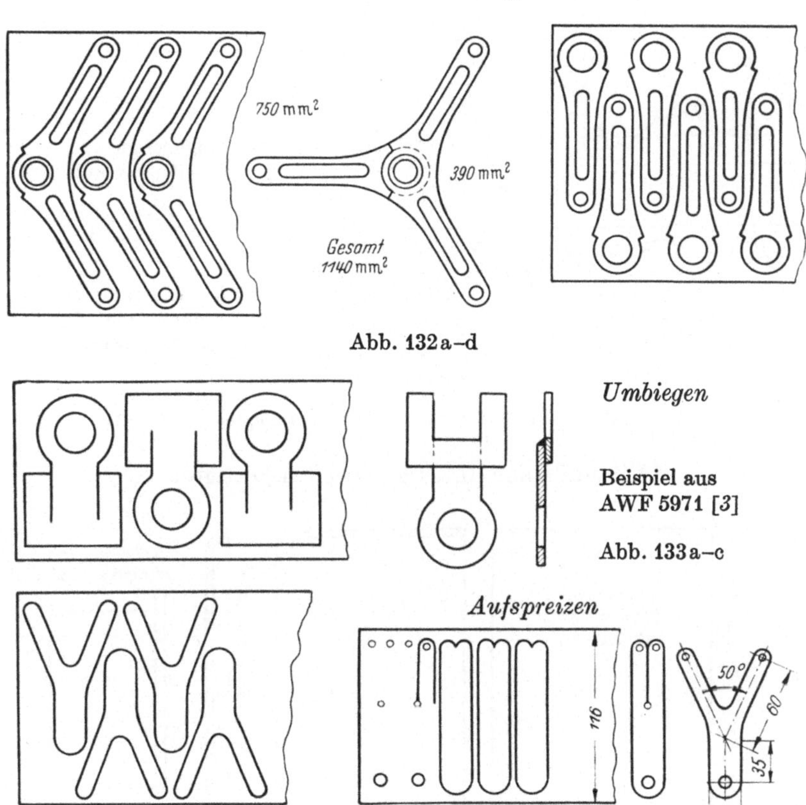

Abb. 132 a–d

Abb. 133 a–c

Abb. 134 a–d

Beispiel aus E. Göhre, Werkzeuge und Pressen der Stanzerei, Teil 1 [11]

i) Kreis und Sechseck

Runde Schnitteile erfordern großen Werkstoffbedarf.

Verbesserung der Nutzung ermöglichen (s. S. 30):

1. Verwertung des Abfalls durch andere Werkstücke
2. Mehrfachanordnung gleicher Werkstücke
3. Vermeiden der Kreisform

Abb. 135

Nutzung durch Ineinander-
schneiden

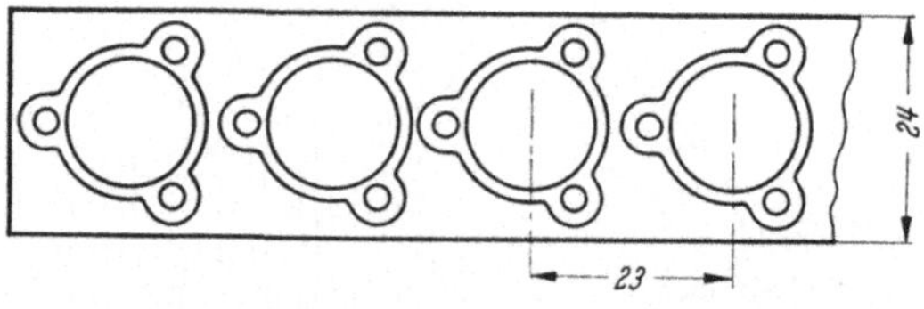

a) Ungünstige
   Streifennutzung

b) Verbesserung der An-
   ordnung und Nutzung
   der Abfallronde

Abb. 136a u. b   Beispiel aus KACZMAREK [23]

Abfallnutzung durch ein zweites Fertigteil

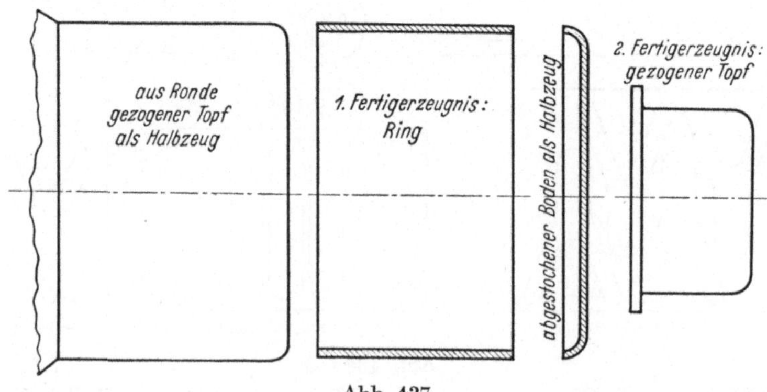

Abb. 137

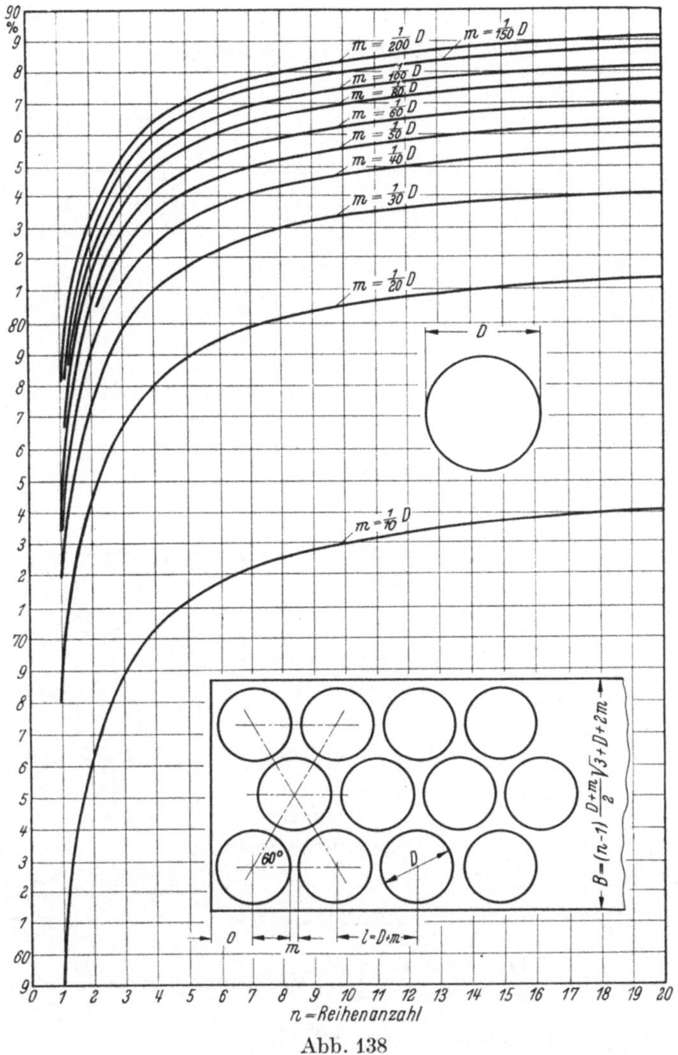

Abb. 138

Verbrauch lfd. je Stück: $\quad W = B\,l : n \qquad$ Anschnitt $0 = \dfrac{D}{2} + m$

Nutzung lfd. $\eta = \dfrac{\pi D^2 n}{4 B l}$

Werkstückzahl je Streifen $Z = \dfrac{L - 0}{l}\, n + \dfrac{n}{2}$;

dabei ist $\dfrac{n}{2}$ aufzurunden. $\dfrac{L - 0}{l}$ ist auf volle Teile abzurunden und erst dann mit n zu multiplizieren.

Einreihige Anordnungen gleichwertig beim Abschneiden

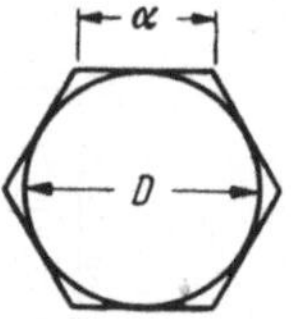

Abb. 139

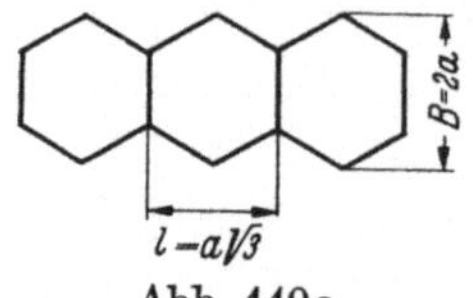

Abb. 140a

Werkstoffverbrauch

$$W = 2\,a^2\,\sqrt{3}$$

Nutzung 75 %

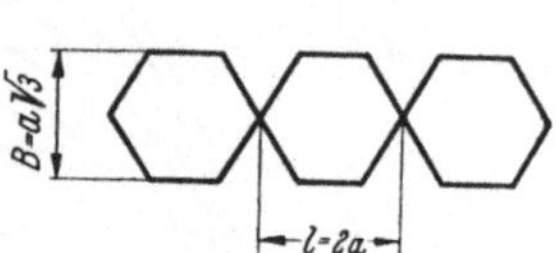

Abb. 140c

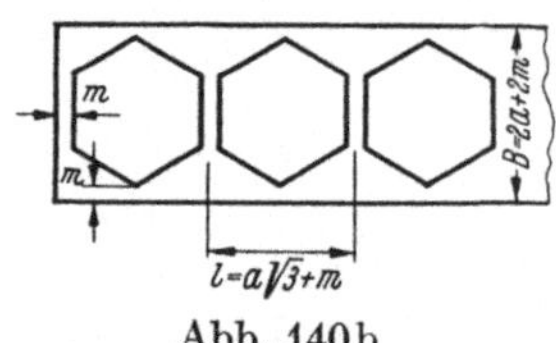

Abb. 140b

Günstige einreihige Anordnung beim Ausschneiden mit Steg m

Verbrauch $W = 2\left[a^2\sqrt{3} + am\,(1 + \sqrt{3}) + m^2\right]$

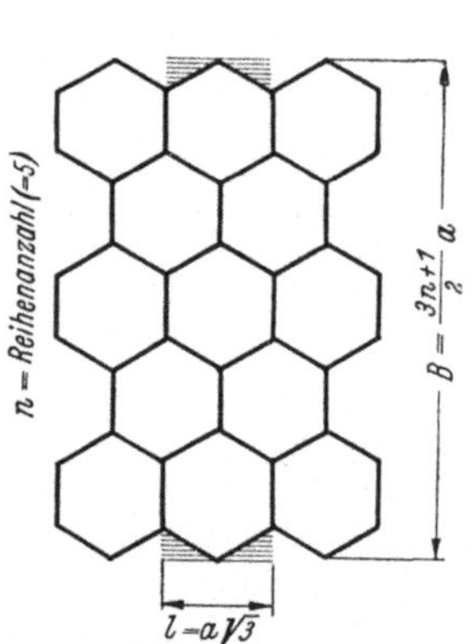

$l = a\sqrt{3}$

Günstige mehrreihige Anordnung

n = Reihenanzahl
a = Sechseckseite
m = Steigbreite
l = Vorschub
B = Bandbreite
    · oder Blech-
      tafelbreite
      (= kurze Seite)

Abb. 141a u. b

$$W = \frac{B\,l}{n} = \frac{3\,n+1}{2\,n}\,a^2\,\sqrt{3} \quad \text{Verbrauch} \quad W = \frac{B\,l}{n}$$

Verlustfläche je Vorschub l: $\equiv\!\equiv\!\equiv = \dfrac{a^2}{2}\sqrt{3}$

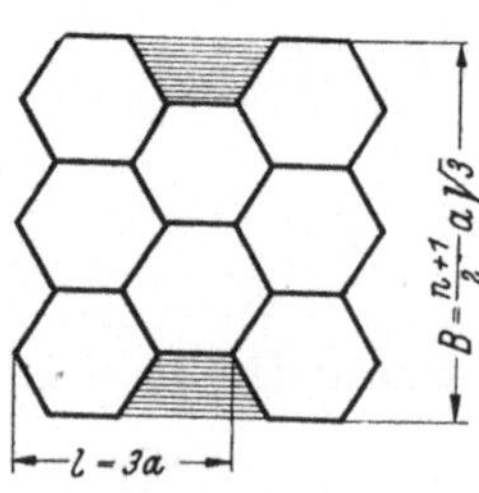

$l = 3a$

Abb. 141c

Ungünstige mehrreihige Anordnung

Verbrauch $W = \dfrac{3\,n+3}{2\,n}\,a^2\,\sqrt{3}$

Verlustfläche je Vorschub l: $\equiv\!\equiv\!\equiv = 3\,\dfrac{a^2}{2}\sqrt{3}$

also die dreifache Verlustfläche wie oben.

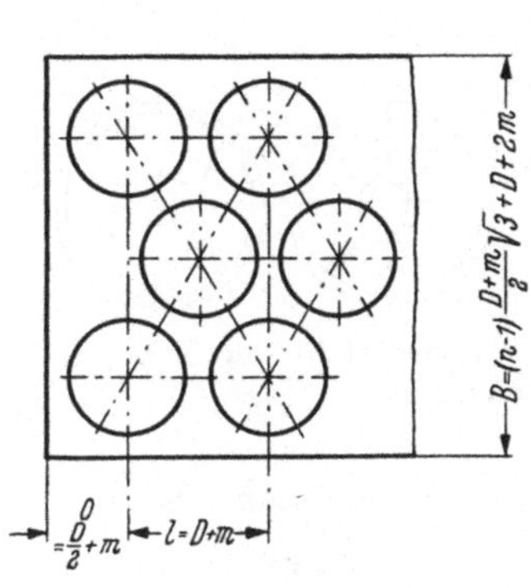

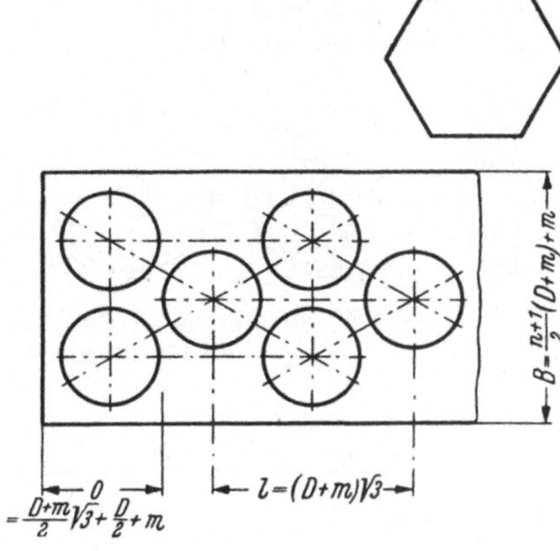

Abb. 142a

günstig

Abb. 142b

ungünstig, zu verwenden bei gegebener Bandbreite

Beispiel $D = 10$ mm $\varnothing$ $m = 1$ mm $n = 3$ Reihen

114 mm²   Verbrauch je Stück   146 mm²

Zugehörige Sechsecke ergeben geringeren Verbrauch

umbeschrieben	flächengleich	einbeschrieben
$a = \dfrac{D}{3}\,\sqrt{3}$	$\dfrac{3}{2}\,a^2\,\sqrt{3} = \dfrac{\pi D^2}{4}$	$a = \dfrac{D}{2}$

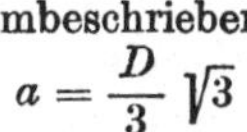
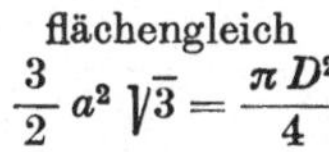
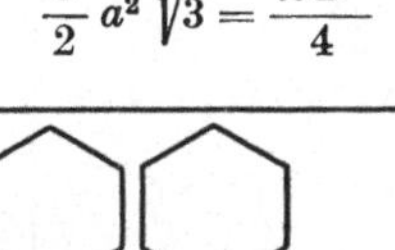
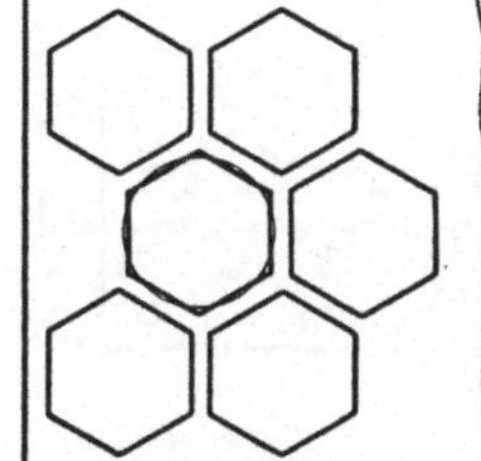
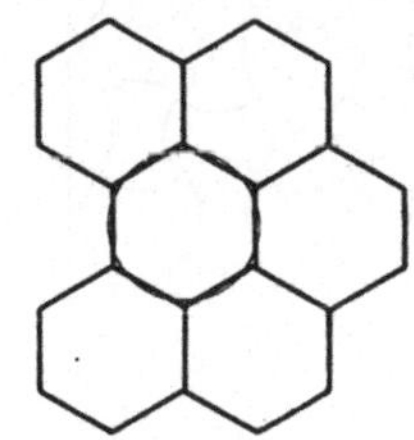
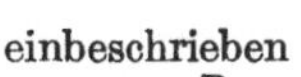
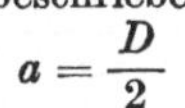
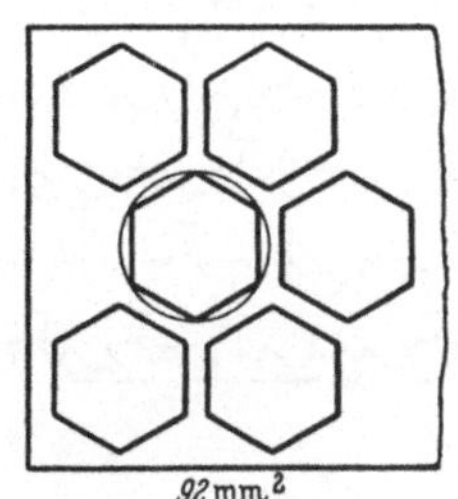
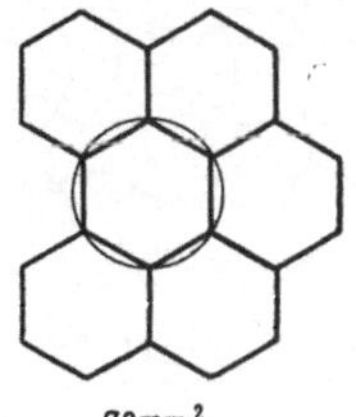

Abb. 143 a–f

Ersatz einer runden Radscheibe durch eine gezackte vom HEESCHtyp
[15] bietet erhebliche Ersparnisse an Werkstoff 43,2 to/Jahr und Arbeitszeit 10800 Std/Jahr beim Brennschneiden.

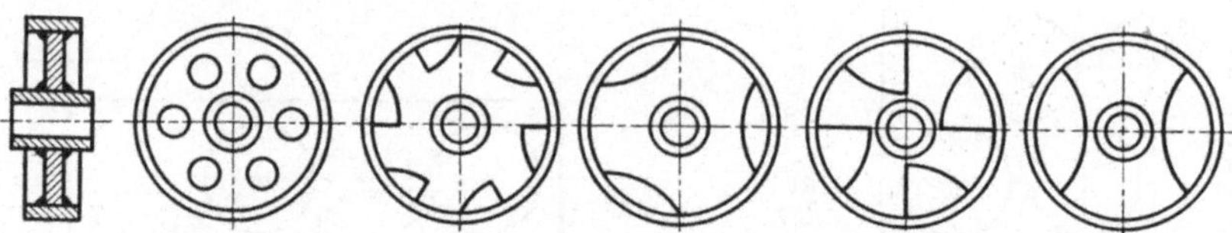

Abb. 144a–e. Formenübersicht zur Auswahl nach Platzbedarf für die Nabe und
auf Grund von Festigkeitsrechnungen

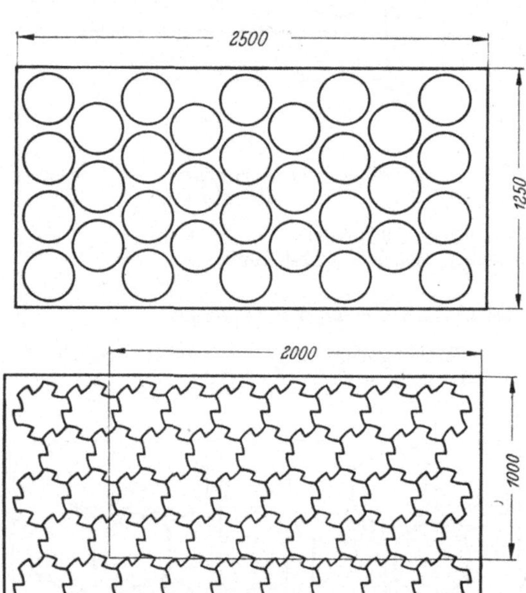

Gültig für Abb. 144a

1 Tafel 2500 · 1250
ergibt 32 Stück
Schnittverlust 33,6%

Gültig für Abb. 144b u. c

1 Tafel 2500 · 1250
ergibt 43 Stück
Schnittverlust 17,5%

Der Auswahl einer
geeigneten Tafelgröße
kommt große Bedeu-
tung zu, damit die Rand-
verluste niedrig bleiben.
Eine ungeeignete Tafel-
größe, z. B. 2000 × 1000,
ergäbe nur 20 Stück oder
etwa 40% Verlust.

Gültig für Abb. 144d u. e

1 Tafel 2500 · 1250
ergibt 55 Stück
Schnittverlust 19,75%
Tafelgröße nicht günstig.

Abb. 145a–c

Schrifttum: Abb. 144a u. b HEESCH [15]; 145a u. b HEESCH [15].

Entstehung der Flächenschlußformen für Radscheiben

im Sechsecknetz

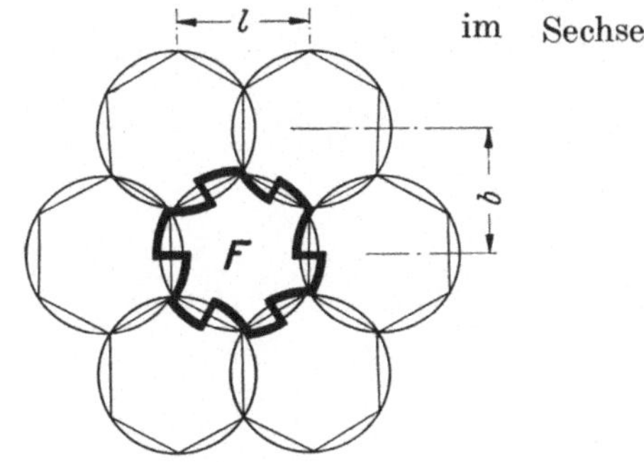 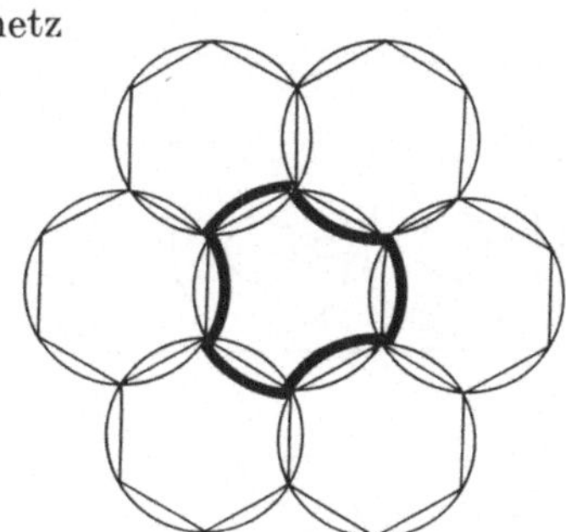

im Quadratnetz

 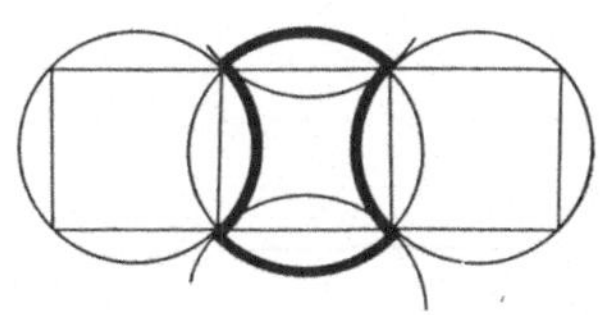

Abb. 146 a–d

In den Kreis mit dem Radscheibendurchmesser $2r$ wird das regelmäßige Sechseck (Quadrat) einbeschrieben. An alle Vieleckseiten werden gleich große Vielecke angelagert und so entsteht ein geeignetes Netz. Die sämtlichen Vielecken umbeschriebenen Kreise überschneiden sich. Man benutzt nun abwechselnd Teilstücke der einzelnen Umkreise und baut hieraus die Flächenschlußformen auf, wobei in Abb. 146 a und c der Zusammenhang teilweise durch Teile von Radialstrahlen hergestellt wird.

		Kreis	Sechseck	Quadrat
Nutzfläche je Stück	$F =$	$3{,}14\,r^2$	$2{,}598\,r^2$	$2\,r^2$
Längenvorschub	$l =$	$2\,r$	$1{,}7321\,r$	$1{,}4142\,r$
Breitenvorschub	$b =$	$1{,}7321\,r$	$1{,}5\,r$	$1{,}4142\,r$
Randverlust auf einer Seite	$\dfrac{1}{\tau} =$	$\dfrac{3}{10}$	$\dfrac{1}{6}$	$\dfrac{1}{10}$

Berechnung der Blechtafelgröße oder Bandbreite rechnerisch: Länge $L = 2r + xl$ und Breite $B = r + yb$ durch verschiedene ganzzahlige Werte für x und y und Beobachten der Reste lassen sich geeignete Tafelgrößen ermitteln. Oder zeichnerisch: Eine größere Fläche wird mit Flächenschlußformen oder dem Netz bedeckt und darüber ein Pauspapier mit Tafelgrößen gelegt. Hierbei sind die Randverluste zu beachten. (Randreihen als Kreise!) [*15*].

5 b   Schachtel, Blechteile

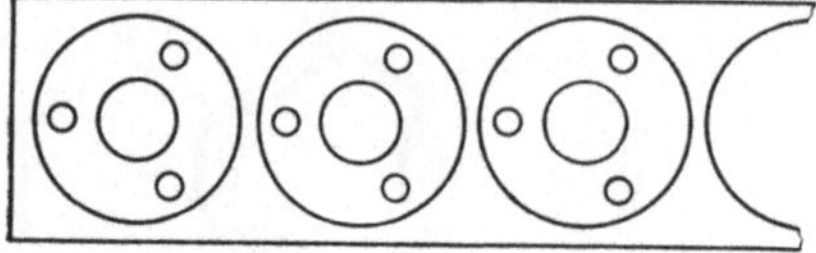

Ersparnisse durch Änderung der Kreisform

Verbrauch 814 mm²

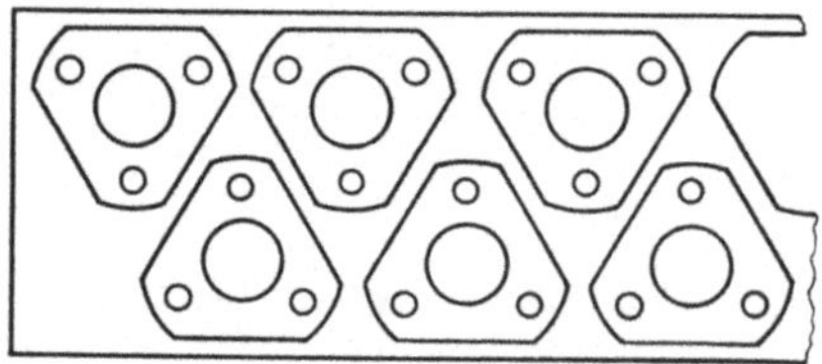

Verbrauch 612 mm²

Ersparnis durch Stanzteil-
konstrukteur.

AWF 5971. Stanzereitechnik

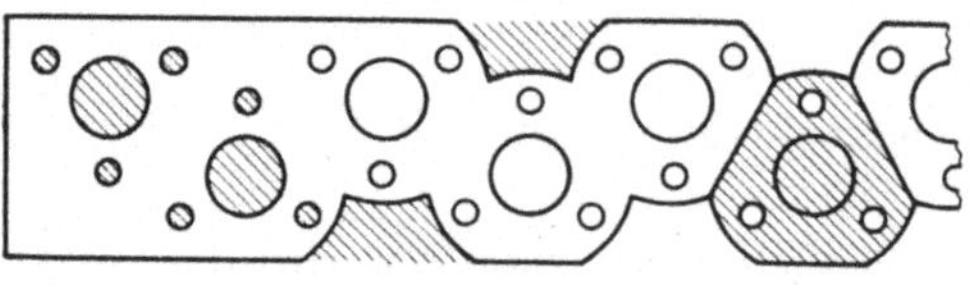

Verbrauch 510 mm²

Ersparnis durch Werkzeug-
konstrukteur.

Abb. 147 a–c

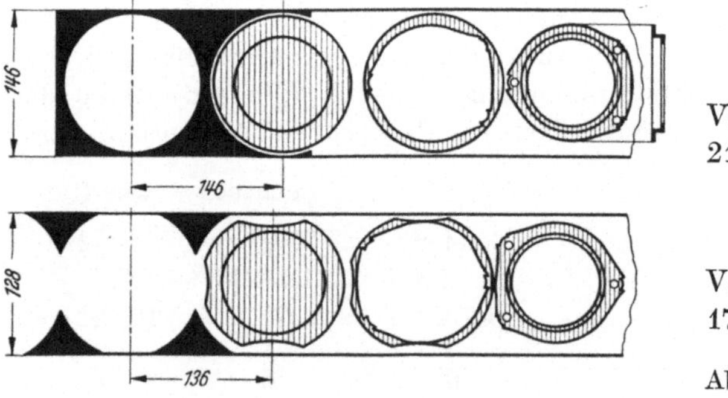

Verbrauch
21 416 mm²

Verbrauch
17 408 mm²

Abb. 148 a u. b

Werkstoffersparnis beim Stanzen von Rundteilen für Tiefziehteile, deren
Niederhalterand nach dem Ziehen beschnitten wird.

Werkstoffersparnis 18 % ; ein weiterer Vorteil liegt im Fortfall des zusammenhängen-
den Stanzgitters, das sehr sperrigen Schrott gibt.

Schrifttum: Abb. 147 a–b. AWF 5971 [3].
             Abb. 148 a–b. VDI-Zeitschrift, Bd. 87 (1943), S. 438/439 [83].

Werkstücke mit Kreisbogen und Verbesserungen hierfür

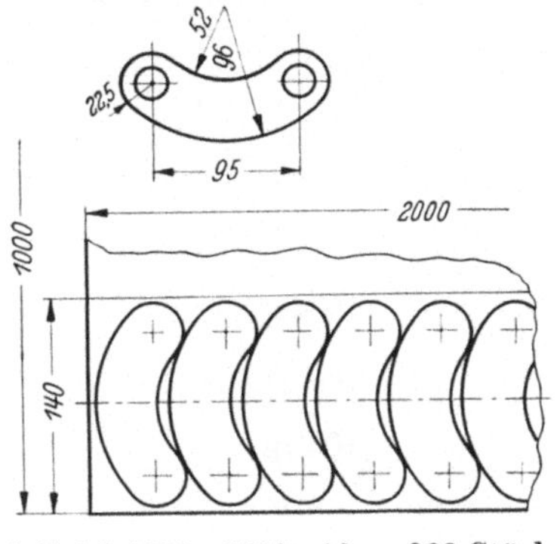

b Tafel 1000 · 2000 · 16 = 266 Stück

d Tafel 1000 · 2000 · 16 = 301 Stück

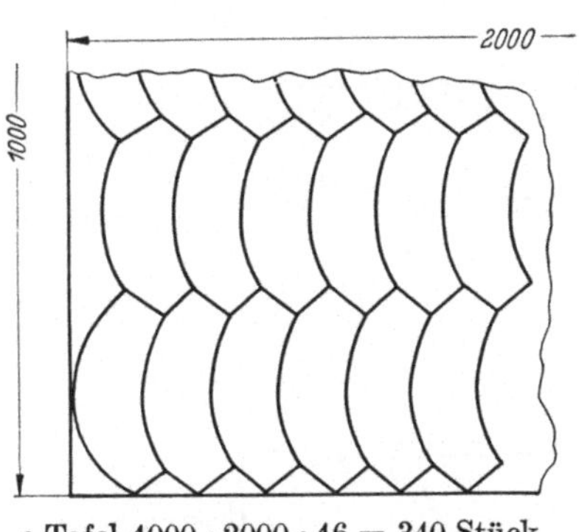

e Tafel 1000 · 2000 · 16 = 340 Stück

Abb. 149a u. b. Werkstück mit konzentrischen Kreisbogen legt sich nicht ineinander

Abb. 149c u. d. Werkstück mit Kreisbogen von gleichen Radien gestattet Schiebung

Abb. 149e. Werkstück mit drei Paaren gleicher paralleler Seiten ergibt Flächenschluß, HEESCHtyp TTTTTT

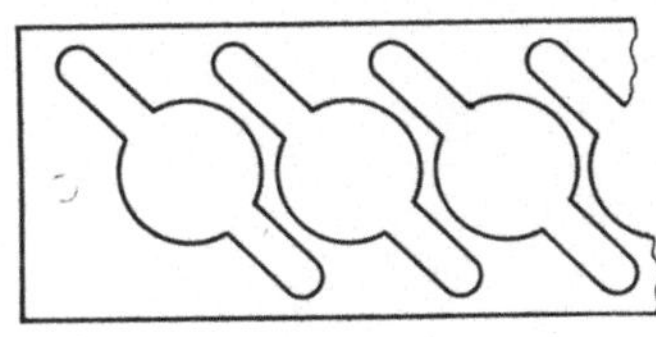

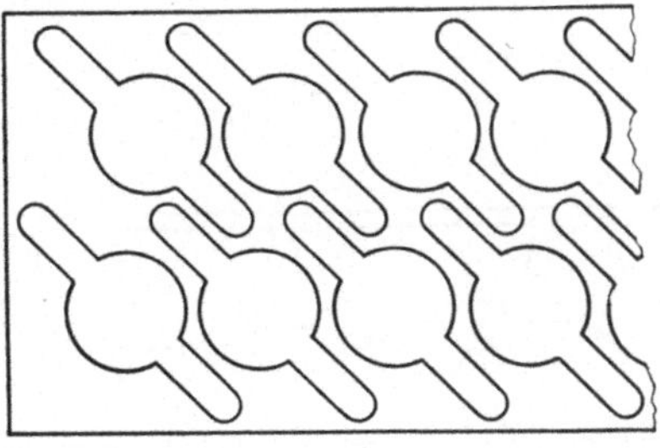

Abb. 150a. Gute Werkstoffnutzung durch Schräglage

Abb. 150b. Verbesserung durch Mehrfachanordnung bei Doppelreihe 15%

Schrifttum: Abb. 149a—e HEESCH [15]; Abb. 150a/b. AWF 5951 [3].

k) Halbkreis

Berechnungsgrundlagen und Vergleich verschiedener Anordnungen

Schrifttum: Abb. 151 a—e Hilbert [*19*].

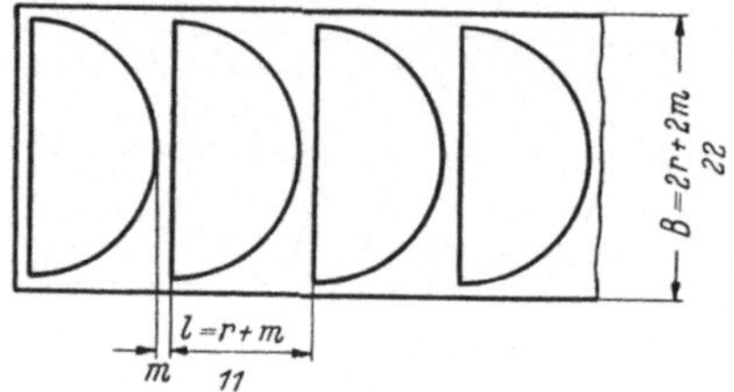

Beispiel

$$W = Bl = 242 \, \text{mm}^2$$

$$r = 10 \, \text{mm}$$

$$m = 1 \, \text{mm}$$

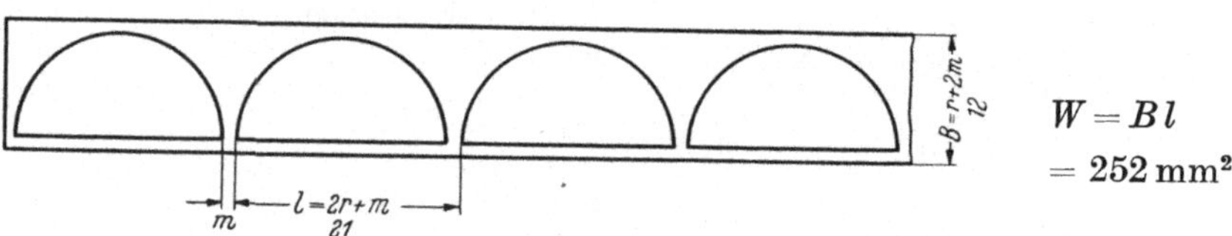

$$W = Bl$$
$$= 252 \, \text{mm}^2$$

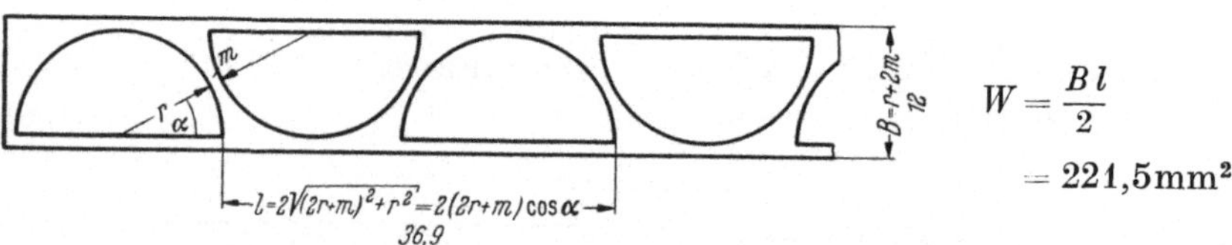

$$W = \frac{Bl}{2}$$
$$= 221{,}5 \, \text{mm}^2$$

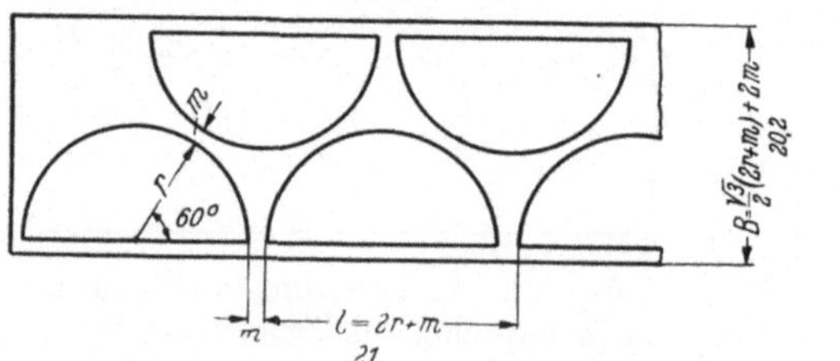

$$W = \frac{Bl}{2}$$
$$= 212 \, \text{mm}^2$$

Abb. 151 a—e

Einfluß der Anfangs- und Endverluste bei kurzen Streifen. Die verschiedenen Anordnungen in Abb. 151 geben den laufenden Verbrauch und die Ersparnismöglichkeiten bei langen Bändern wieder. Der Vorteil der Doppelreihe im Verbrauch kann jedoch durch die Verluste am Anfang und Ende bei kurzen Streifen verlorengehen, wie ein Zuschnitt der Praxis beweist.

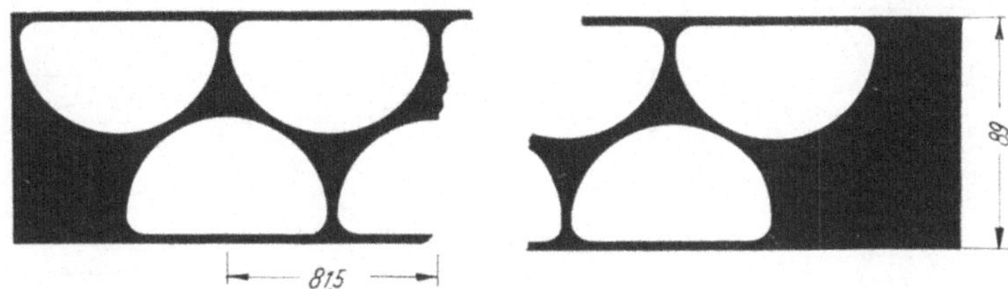

Abb. 152 a

1 Tafel Messingblech 2000 · 600 · 1 zu 10,2 kg ergibt

   22 Streifen 89 · 600 · 1 zu je 13 Stück = 286 Stück
     Reststreifen 42 · 600 · 1

oder 6 Streifen 2000 · 89 · 1 zu je 48 Stück = 288 Stück
     Reststreifen 66 · 2000 · 1

Abb. 152 b

1 Tafel Messingblech 2000 · 600 · 1 zu 10,2 kg ergibt

   24 Streifen 83 · 600 · 1 zu je 12 Stück = 288 Stück
     Reststreifen 8 · 600 · 1

oder 7 Streifen 2000 · 83 · 1 zu je 41 Stück = 287 Stück
     Reststreifen 19 · 2000 · 1

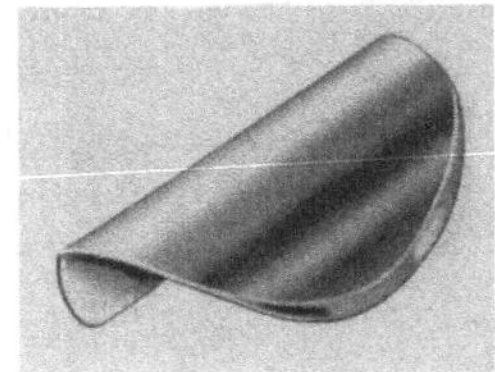

Abb. 152 c. Werkstück

1) Ellipse

Berechnungsgrundlagen bei gerader Anordnung

(Schräglage ergibt Mehrverbrauch)

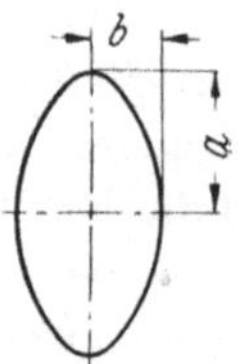

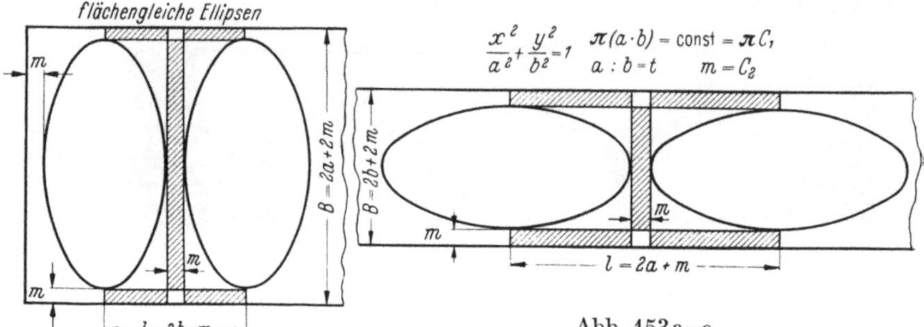

Abb. 153 a–c

Verbrauch:

$$W_1 = 4\,a\,b + 2\,m^2 + 2\,m\,(a + 2\,b) \qquad\qquad W_2 = 4\,a\,b + 2\,m^2 + 2\,m\,(2\,a + b)$$

$$W_1 = 4\,C_1 + 2\,C_2^2 + 2\,C_2\,\sqrt{C_1}\,\frac{t+2}{\sqrt{t}} \qquad\qquad W_2 = 4\,C_1 + 2\,C_2^2 + 2\,C_2\,\sqrt{C_1}\,\frac{2t+1}{\sqrt{t}}$$

günstig   *ungünstig*

weil für $t > 1$: $\dfrac{t+2}{\sqrt{t}} < \dfrac{2t+1}{\sqrt{t}}$,   wenn $m > 0$

Für den Kreis ($t = 1$) sowie bei sich berührenden Ellipsen ($m = 0$) ergibt jede Lage und jedes t den gleichen Mindestbedarf ($4\,a\,b$). Bei gleichen Stegen (m) und senkrechter Lage (große Ellipsenachse quer zum Vorschub) ergibt unter flächengleichen Ellipsen und dem zugehörigen Kreis jene Ellipse den geringsten Verbrauch, bei der die große Achse doppelt so lang ist wie die kleine Achse, da für $t = 2$: $dW/dt = 0$ (Minimum) wird.

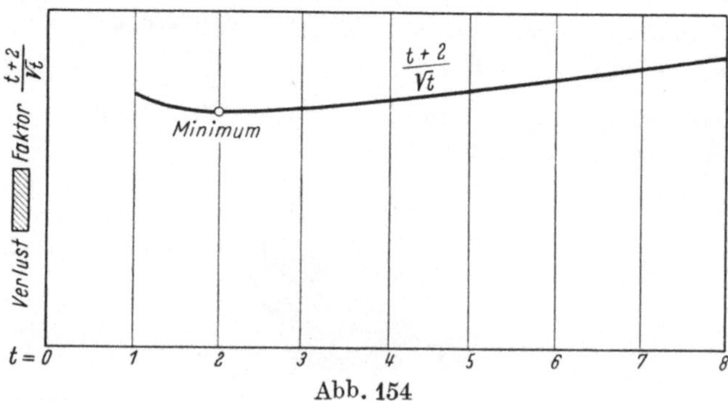

Abb. 154

Versetzte Mehrfachanordnung flächengleicher Ellipsen $\pi\,(a\,b) = \text{const}$; $a : b = t$. Halbachsen der Ellipse: a; b. Materialsteg (überall gleich): m. Vorschub: $l = 2\,b + m$.

Bandbreite bei 2 Reihen:

$$B_2 = 2\,a + 2\,m + \left(a + \frac{m}{2}\right)\sqrt{3}$$

Bandbreite bei n Reihen:

$$B_n = 2\,a + 2\,m + (n-1)\left(a + \frac{m}{2}\right)\sqrt{3}$$

Werkstoffbedarf für 1 Ellipse

$$W = l\,B : n$$

Berührungspunkt der Hilfsellipsen – – – mit den Halbachsen

$$\left(a + \frac{m}{2}\right) \quad \text{und}$$

$$\left(b + \frac{m}{2}\right) : x = \frac{\sqrt{3}}{2}\left(a + \frac{m}{2}\right)$$

Die Ersparnis der versetzten Anordnung beträgt bei n Reihen je Ellipse:

$$\varepsilon = \frac{n-1}{n}\,a\,b\left(2 - \sqrt{3}\right)$$

Bei beschränkter Streifenlänge ist zu prüfen, ob diese Ersparnisse den Aufwand am Streifenanfang und -ende ausgleicht, was bei der

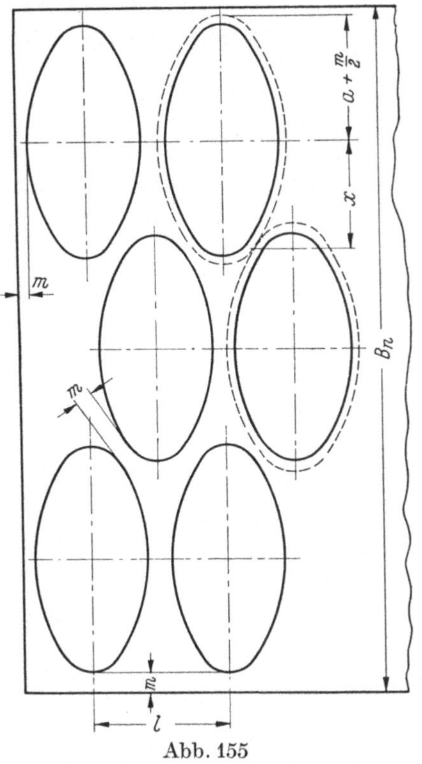

Abb. 155

Doppelreihe bei 28 Ellipsen, also 14 Ellipsen je Reihe, zutrifft. Beim Ausschneiden mit Abfallsteg (m) ist auch bei der Mehrfachreihe die Anordnung große Achse senkrecht zur Vorschubrichtung die günstigste; Schräglage bedingt einen Mehrverbrauch. Für flächengleiche Ellipsen gibt es eine günstigste Form, die von der Anzahl der Reihen abhängt:

$$t_{\text{opt}} = 1 + \frac{1}{n}$$

Folglich für 1 Reihe:

$$t_{\text{opt}} = a : b = 2 : 1;$$

für ∞ Reihen $t_{\text{opt}} = a : b = 1 : 1$ ($= $ Kreis!). Bei der versetzten Mehrfachanordnung kann die Ellipse um $1 \div 2\%$ schlanker sein.

Beim Aussägen ohne Abfallsteg hängt der Werkstoffverbrauch von der (Schräg-)Lage nicht ab. Bei der versetzten Mehrfachanordnung bieten schlanke Ellipsen beim Aussägen Vorteile.

VII. Veränderungen bei Vorschubungenauigkeiten

a) Äußere Form

Veränderungen der äußeren Form beim Abschneideverfahren infolge verschiedener Streifenbreite und unterschiedlichen Vorschubs.

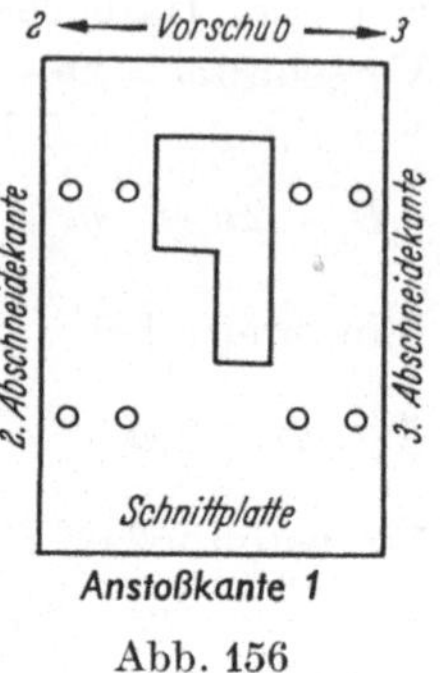

Abb. 156

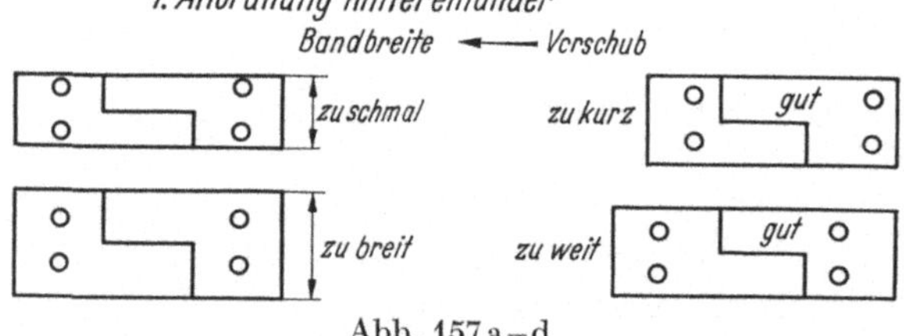

Abb. 157a—d

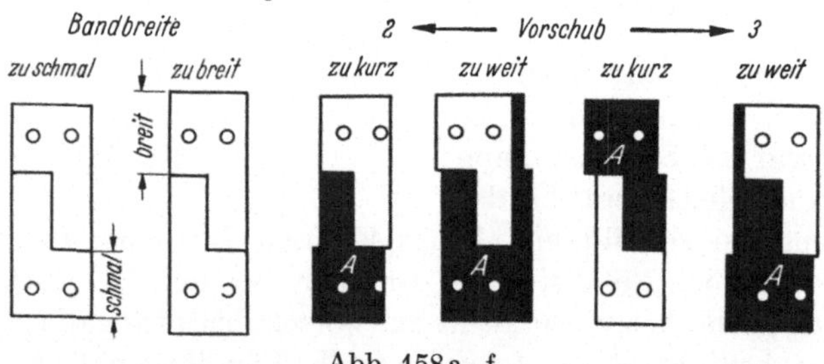

Abb. 158a—f

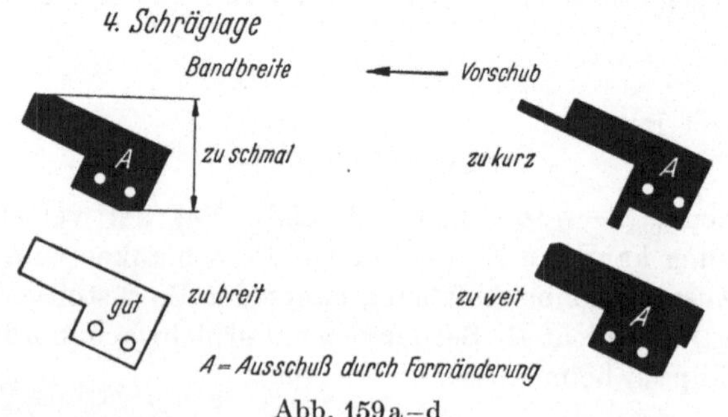

Abb. 159a—d

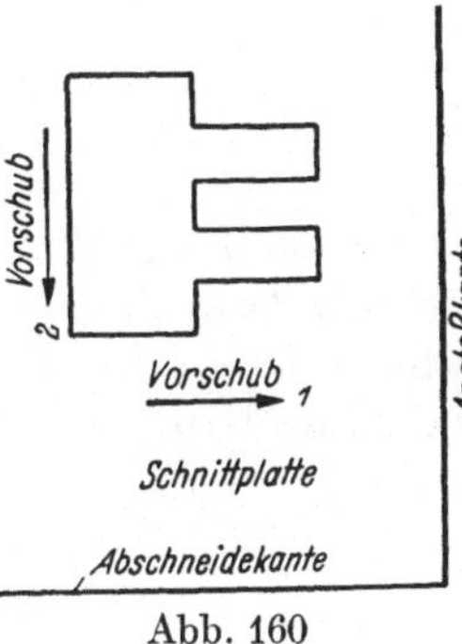

Abb. 160

Veränderungen der äußeren Form beim Abschneideverfahren infolge verschiedener Streifenbreite und unterschiedlichen Vorschubs

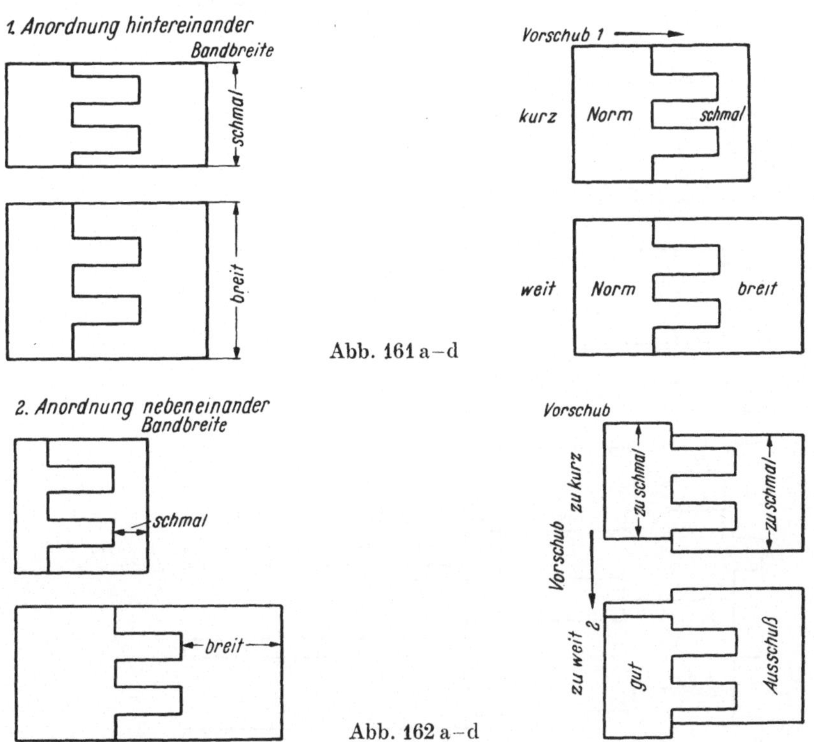

Abb. 161 a–d

Abb. 162 a–d

Kammartige Teile, z. B. Scharniere, lassen sich abfallos ineinanderschneiden. Nach dem Rollen passen aber die Glieder ohne Nacharbeit nicht mehr ineinander. Die Gratseite wechselt.

Änderungen　　bei der Bandbreite　　　　beim Vorschub
1. Anordnung: verschiedene Scharnierlänge　1 Teil verschieden breit
2. Anordnung: verschiedene Scharnierbreite　mindest 1 Teil Ausschuß
bei beiden Anordnungen　　　　　　Verschiebungen der Vorlocher

6a　Schachtel, Blechteile

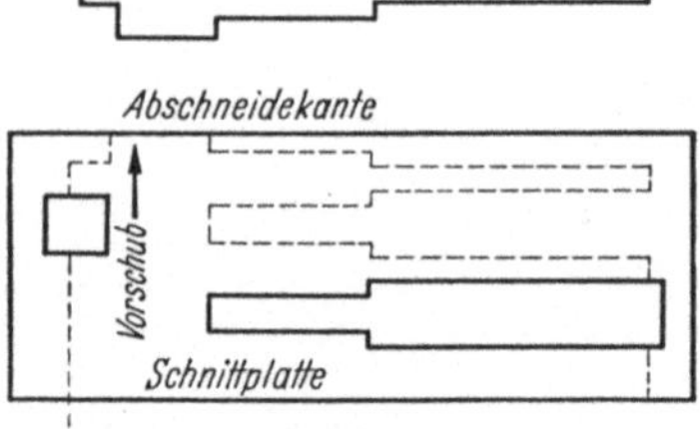

Veränderung der äußeren Form abgeschnittener Teile infolge einer Vorschubdifferenz bei Verwendung von Vorschneidern.

Abb. 163

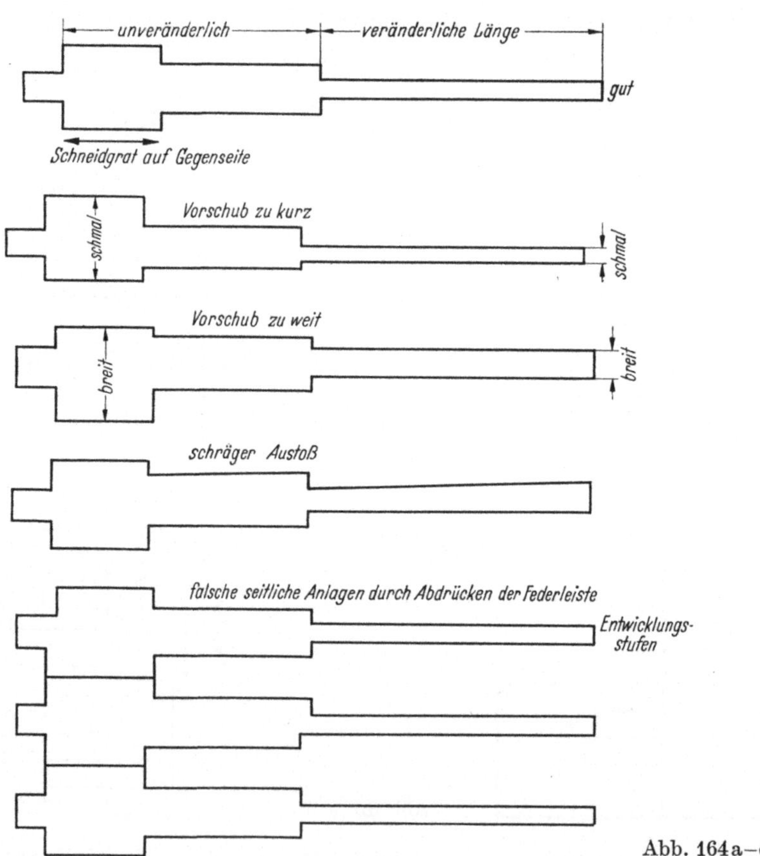

Abb. 164 a—e

Beim Abschneideverfahren mit Vorlochern oder Vorschneidern für die äußere Formgebung können durch menschliche Unzulänglichkeit beim Einstellen oder Bedienen der Werkzeuge obige Abweichungen auftreten. Fehler jeweils 1 mm ergibt Anhalt für die Art der Verschiebungen bei den zulässigen Herstellungstoleranzen. Durch Veränderung des Vorschubs kann die Breite der Zunge eingestellt werden. Dabei ändert sich aber auch die Gesamtbreite und die Symmetrie geht verloren. Zugleich bewußter Verzicht auf Werkstoffnutzung zwecks Vielseitigkeit in der Länge.

b) Vorgelochte Ausschnitte

Verschiebung vorgelochter Ausschnitte in ausgeschnittenen Teilen infolge der Vorschubdifferenz $\varDelta$ beim Folgeschnitt mit mehreren Vorstationen.

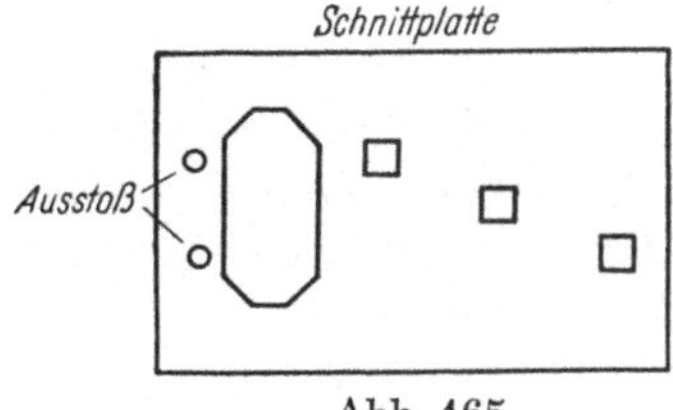

Abb. 165

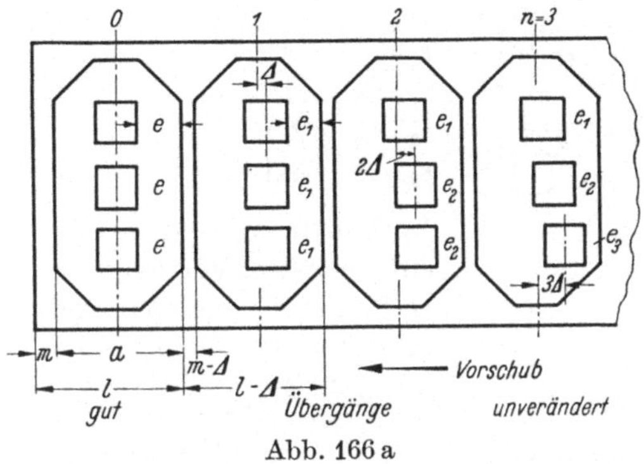

Abb. 166 a

Vorschub zu kurz

$l - \varDelta$ statt l

$e_1 = e - \varDelta$

$e_2 = e - 2\varDelta$

$e_3 = e - 3\varDelta$

Lochmitte verschiebt sich entgegen dem Vorschub um

$$\varDelta,\ 2\varDelta,\ 3\varDelta$$

Beim Ausschneiden bleiben die äußere Form und Abmessungen (a) erhalten, solange $\varDelta > m$. Die Vorschubverkürzung $\varDelta$ wirkt sich in diesem Falle nur auf den Zwischensteg m aus. $l - \varDelta = a + (m - \varDelta)$. Die Mitte der vorgelochten Ausschnitte verschiebt sich gegenüber der Mittellinie des Gesamtteiles um $\varDelta, 2\varDelta, 3\varDelta \ldots n\varDelta$, und zwar entgegen der Vorschubrichtung. Die Größe der Verschiebung hängt von der Entfernung des Vorlochers vom Ausschneider ab. Bei n-Vorlocherstufen ergeben sich n Abweichungen vom Gutteil, davon sind $(n - 1)$ Übergänge, das n^{te} Stück zeigt die größte Abweichung, die bei allen weiteren Stücken unverändert bleibt. Leerstationen sind mitzuzählen. Mehrere Vorstationen ergeben also auch Unterschiede in den Lochabständen untereinander und gegenüber der Außenform. Dies ist gefährlich bei Hebeln und dergl.

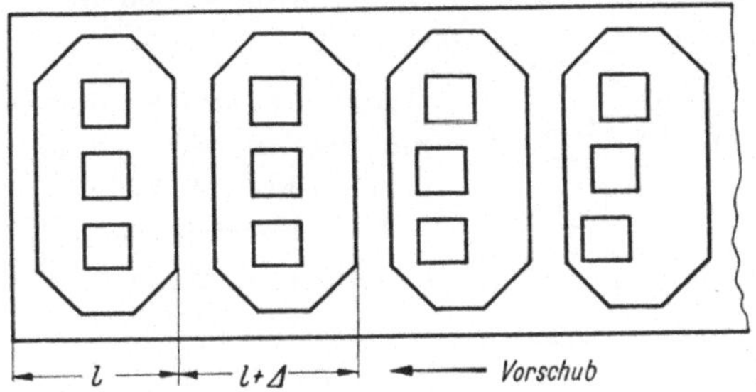

Vorschub zu weit, wie oben, nur verschieben sich die vorgelochten Ausschnitte in Vorschubrichtung.

Abb. 166 b

Verschiebung vorgelochter Ausschnitte in abgetrennten Teilen infolge der Vorschubdifferenz Δ beim Folgeschnitt mit mehreren Vorstationen.

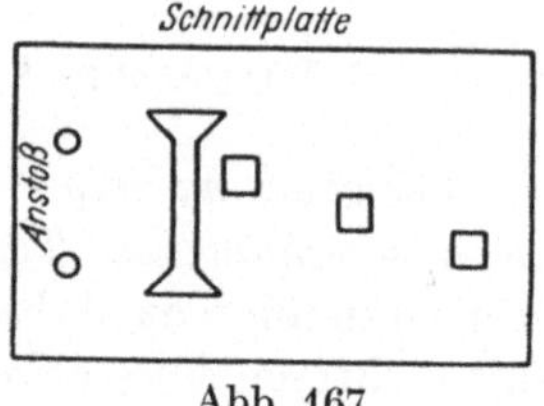

Abb. 167

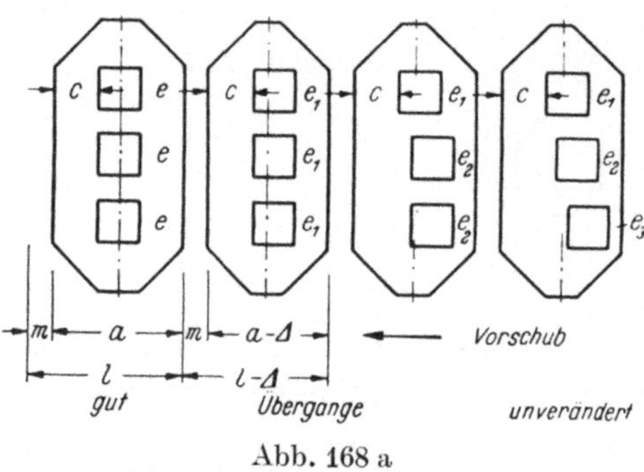

Abb. 168 a

Vorschub zu kurz

$$l - \Delta \text{ statt } l$$
$$e_1 = e - \Delta$$
$$e_2 = e - 2\Delta$$
$$e_3 = e - 3\Delta$$

Lochmitte verschiebt sich entgegen dem Vorschub um Δ, 2Δ, 3Δ, zugleich verschiebt sich die Mittellinie um $(1/2)\Delta$.

Beim Abtrennen bleibt die äußere Form erhalten. Aber die Vorschubverkürzung Δ mindert die Abmessung a in $a - \Delta$, weil der Steg m unverändert bleibt. $l - \Delta = (a - \Delta) + m$. Die Mittellinie des Gesamtteils verschiebt sich also um $(1/2)\Delta$. Gegenüber dieser neuen Mittellinie unterscheiden sich die Mitten der vorgelochten Ausschnitte um $(1/2)\Delta$, $1(1/2)\Delta$, $2(1/2)\Delta \ldots [n - (1/2)]\Delta$ und zwar entgegen der Vorschubrichtung; weil sich die Lochmitten insgesamt um Δ, 2Δ, $3\Delta \ldots n\Delta$ verschieben, genau wie beim Ausschneiden. Es gelten die Regeln wie beim Ausschneiden: n Vorlocherstufen ergeben n Abweichungen, davon $(n - 1)$ Übergänge; das n^{te} Stück zeigt die größten Abweichungen mit $e_1 = e - \Delta$, $e_2 = e - 2\Delta$, $e_3 = e - 3\Delta \ldots e_n = e - n\Delta$. Leerstationen sind mitzuzählen.

Aber auf der anderen Seite bleibt der Abstand c des ersten Vorlochers von der linken Außenkante beim Abtrennen und Abschneiden – nicht beim Ausschneiden – stets unverändert, eine beachtliche Möglichkeit, den Abstand eines Loches und einer Kante sicherzustellen.

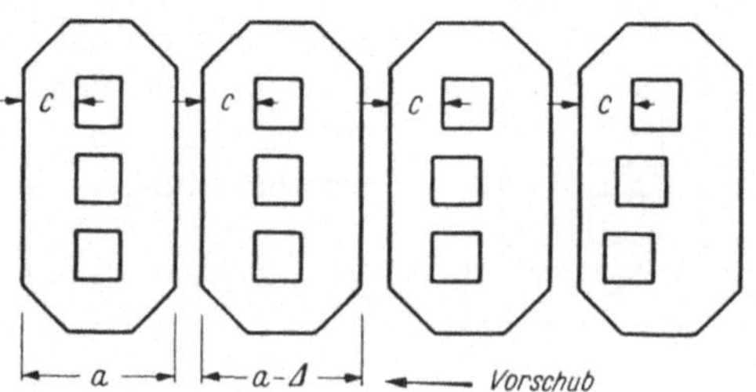

Vorschub zu weit, wie oben, nur verschieben sich die vorgelochten Ausschnitte in Vorschubrichtung. c bleibt unverändert!

Abb. 168 b

Verschiebung vorgelochter Ausschnitte in abgeschnittenen Teilen infolge der Vorschubdifferenz Δ beim Folgeschnitt mit mehreren Vorstationen.

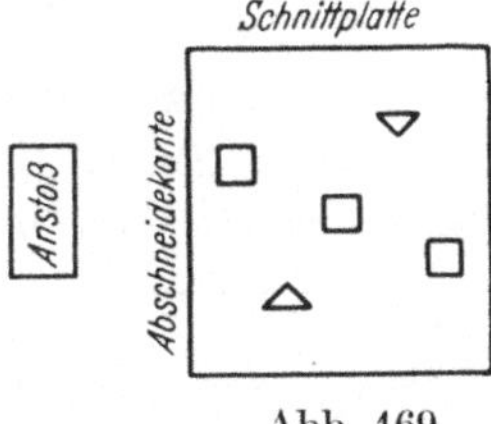

Abb. 169

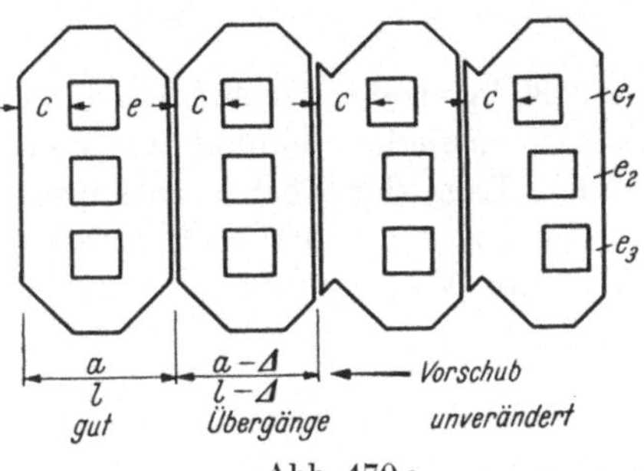

Abb. 170 a

Vorschub zu kurz

$l - \Delta$ statt l

$a - \Delta$ statt a

c stets unverändert

$e_1 = e - \Delta$

$e_2 = e - 2\Delta$

$e_3 = e - 3\Delta$

Verschiebung entgegen der Vorschubrichtung.

Beim Abschneiden (ohne Zwischensteg) gelten für die vorgelochten Ausschnitte im Innern eines Teiles dieselben Regeln wie beim Abtrennen (mit Steg); insbesondere bleibt der Abstand c des ersten Loches von der linken Außenkante stets unverändert.

Auch die Abmessung a wird in $a - \Delta$ gemindert.

Jedoch bleibt die äußere Form bei Vorschubänderungen meist nicht erhalten, weil beim Abschneiden Vorlocher auch den Umfang mitgestalten. Diese vorgelochten Ausschnitte unterliegen natürlich am Rande denselben Regeln wie im Innern des Teiles. Es ergeben sich Verschiebungen um Δ, 2Δ ... $n\Delta$, so daß der Umriß oft entstellt wird. Nach $(n - 1)$ Übergängen zeigt das n^{te} Teil die endgültige Verzerrung. Hierin liegt eine große Ausschußgefahr bei Verwendung des werkstoßsparenden Flächenschlusses.

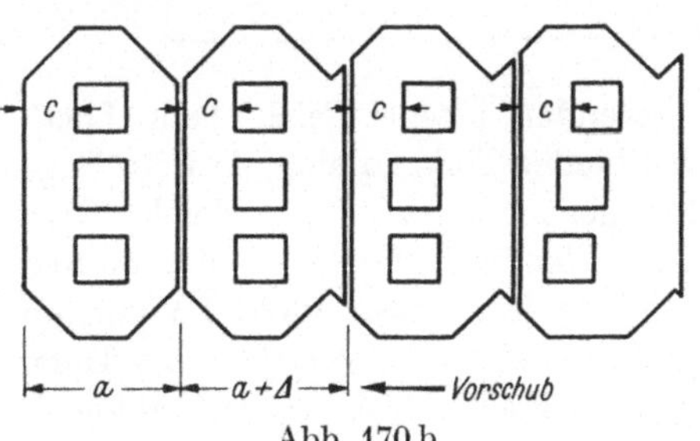

Abb. 170 b

Vorschub zu weit, wie oben, nur verschieben sich die vorgelochten Ausschnitte in Vorschubrichtung. c stets unverändert.

c) Vorgelochte Ausschnitte im Doppelschnitt

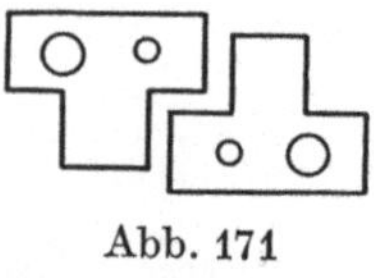

Abb. 171

Verschiebung vorgelochter Ausschnitte in ausge-schnittenen Teilen infolge der Vorschubdifferenz Δ beim *Doppelschnitt* mit mehreren Vorstationen.

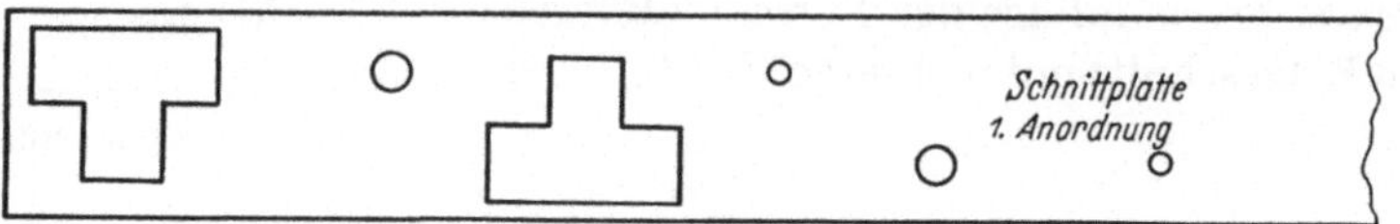

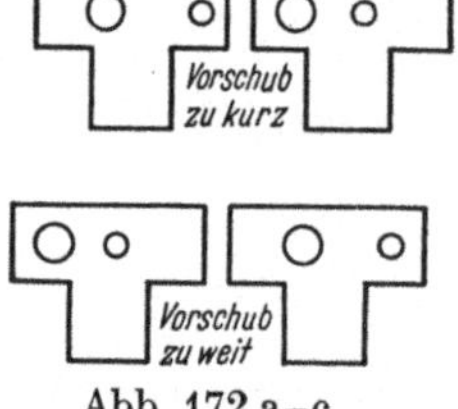

Abb. 172 a—c

Ein Teil um 180° gedreht. Lochabstand bei beiden Teilen verschieden, einmal zu weit, einmal zu kurz. Lage der Löcher gegenüber Umfang verschieden. Grat bei beiden Teilen auf derselben Seite. Vorschub zu kurz und zu weit gibt gleiche Teile.

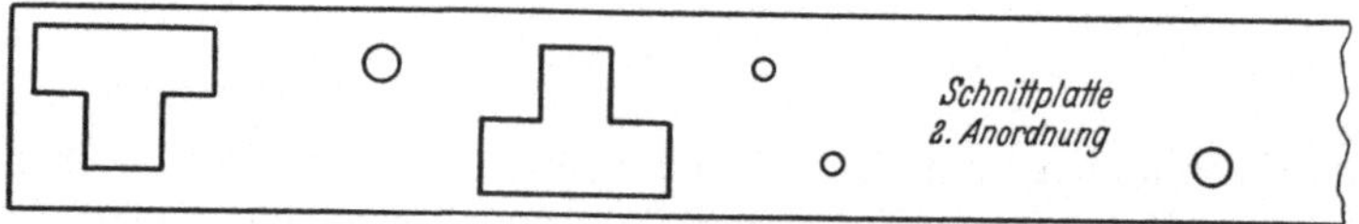

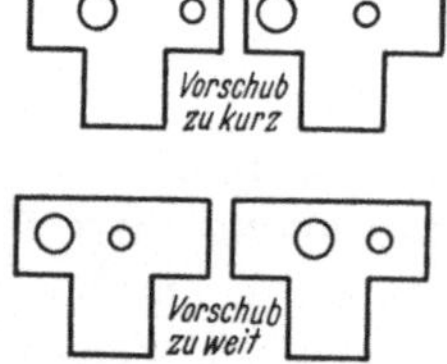

Abb. 173 a—c

Ein Teil um 180° gedreht. Lochabstand beide Male gleich, zu weit. Lage der Löcher gegenüber Umfang verschieden. Grat bei beiden Teilen auf derselben Seite. Lochabstand beide Male gleich, zu kurz. Vorschub zu kurz und zu weit gibt verschiedenen Lochabstand.

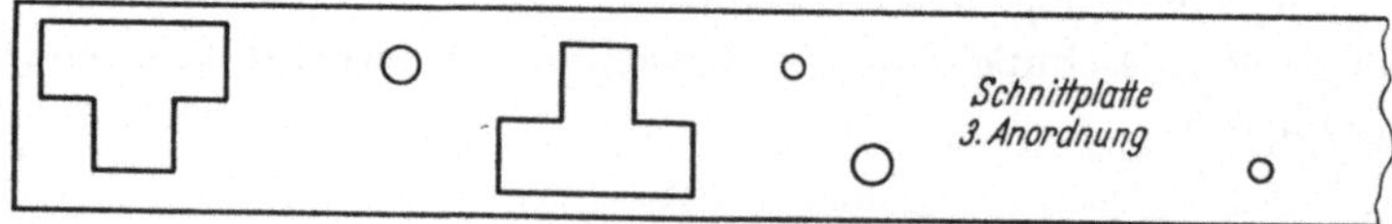

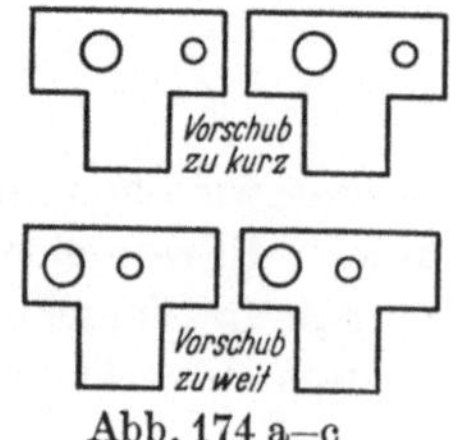

Abb. 174 a—c

Ein Teil gewendet; jeweils gleiche Teile. Lochabstand bei beiden Teilen gleich, zu weit. Lage der Löcher gegenüber Umfang gleich. Grat bei beiden Teilen auf verschiedenen Seiten. Lochabstand zu kurz, aber gleich. Vorschub zu kurz und zu weit gibt verschiedene Teile. Nur bei symmetrischen Teilen zweckmäßig.

Verschiebung vorgelochter Ausschnitte in abge-schnittenen Teilen infolge der Vorschubdifferenz $\varDelta$ beim *Doppelschnitt* mit mehreren Vorstationen.

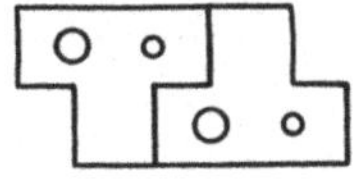

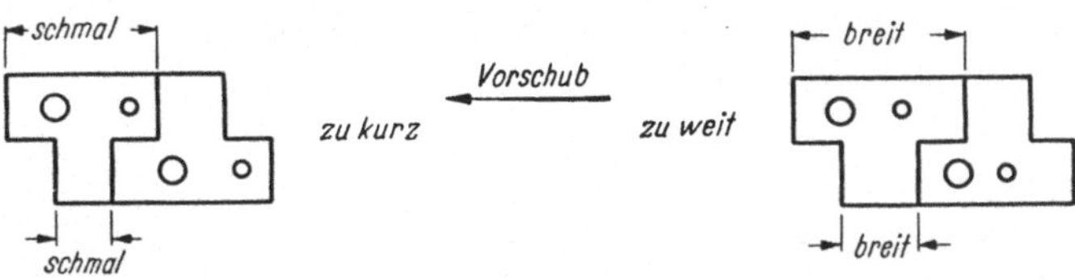

Abb. 175a—c

Jeweils bei einem Teil bleiben die äußere Form und ihre Abmessungen er-halten. Das andere Teil behält zwar die äußere Form bei, ihre Abmes-sungen werden aber bei zu kurzem Schub um $\varDelta$ zu schmal und bei zu weitem Schub um $\varDelta$ zu breit. Bei allen Teilen verschiebt sich die Lage der Löcher gegenüber dem äußeren Umfang. Beim fehlerhaften Teil kann die Ent-fernung zur Außenkante auf der Anstoßseite erhalten bleiben, wenn der Vorlocher auf der ersten Station liegt. Werden die Vorlocher auf ver-schiedene Stationen verteilt, ändert sich der Lochabstand, z. B. bei Wahl der früheren Anordnung 3 bei zu kurzem Schub um $2\varDelta - \varDelta = + \varDelta$, bei zu weitem Schub um $-2\varDelta + \varDelta = -\varDelta$. Die Mittellinie verschiebt sich beim fehlerhaften Teil um $(1/2)\varDelta$.

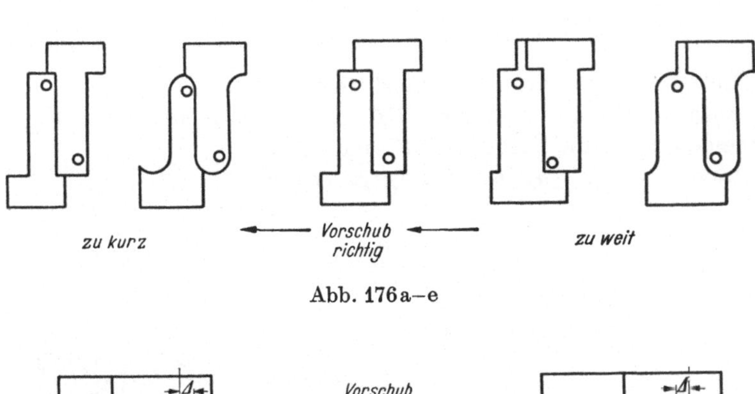

Abb. 176a—e

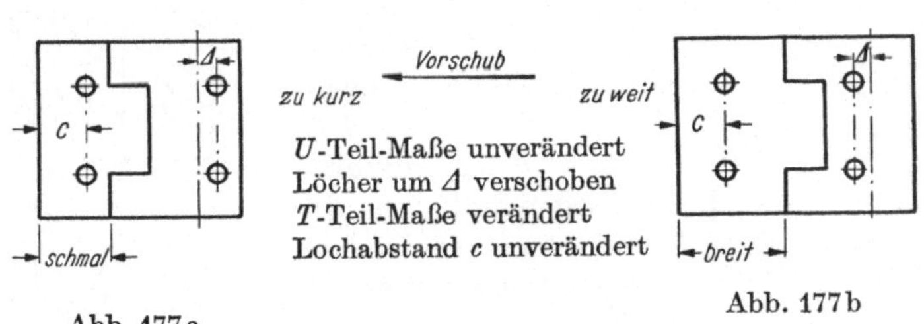

U-Teil-Maße unverändert
Löcher um $\varDelta$ verschoben
T-Teil-Maße verändert
Lochabstand c unverändert

Abb. 177a

Abb. 177b

d) Vergleich verschiedener Anordnungen

Folgen einer Vorschubdifferenz Δ für verschiedene Anordnungen desselben Werkstückes in einem Folgeschnitt mit zwei Vorstationen. Biegeteil als Beispiel.

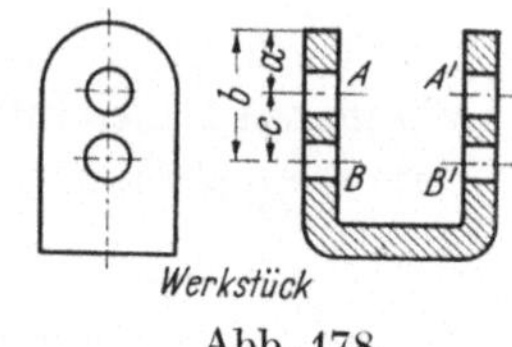

Abb. 178

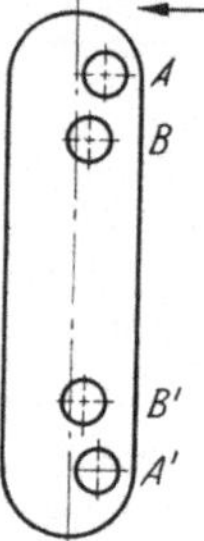

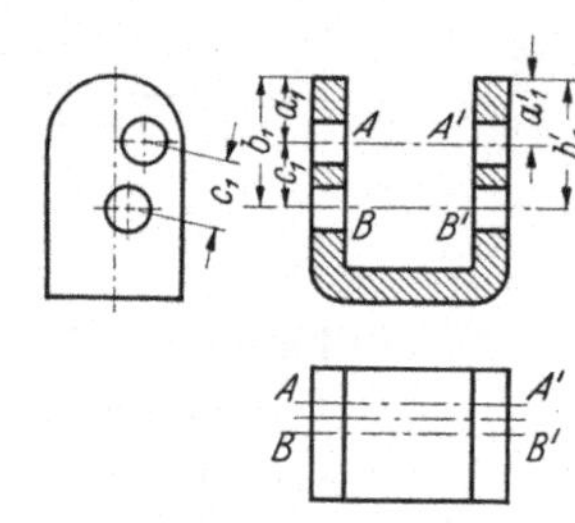

Gerade stehende Anordnung:

Senkrecht zur Werkstückachse verschieben sich die Lochpaare AA' um 2Δ und BB' um Δ waagerecht. Die Achsen AA' und BB' bleiben beim Biegeteil parallel. Abstände:

$$a_1 = a = a_1';\ b_1 = b = b_1';\ c_1 = c_1' > c$$

Abb. 179 a u. b

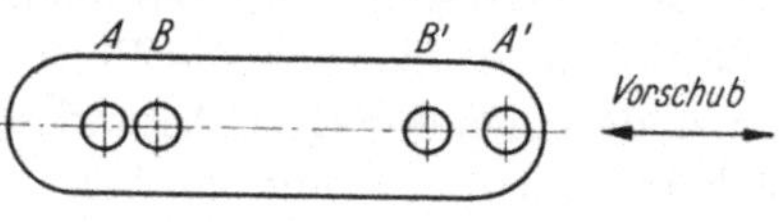

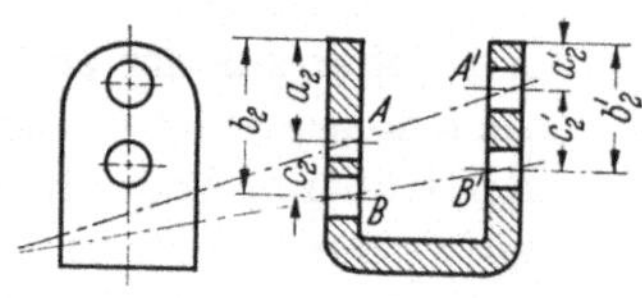

Abb. 180 a u. b

Gerade liegende Ordnung:

In Richtung Werkstückachse verschieben sich die Lochpaare AA' um 2Δ und BB' um Δ senkrecht. Beim Biegeteil schneiden sich die Achsen AA' und BB'.
Abstände: $a_2 > a > a_2';\ b_2 > b > b_2';\ c_2 < c < c_2'.$

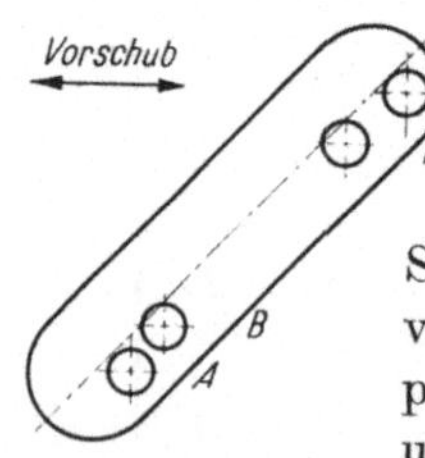

Schräglage:

Schräg zur Werkstückachse verschieben sich die Lochpaare AA' und 2Δ um BB' um Δ, also zugleich senkrecht und waagerecht. Beim Biegeteil liegen die Achsen AA' und BB' windschief zueinander.
Abstände: $a_3 > a > a_3';\ b_3 > b > b_3';\ c_3 < c < c_3'.$
(Praktische Beispiele S. 59 u. 61.)

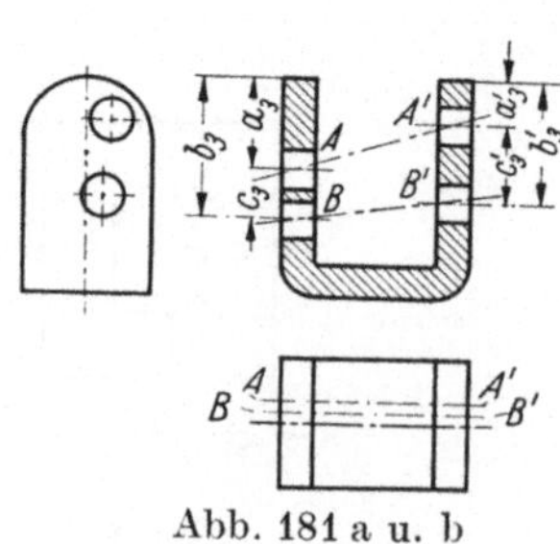

Abb. 181 a u. b

Folgen einer Vorschubdifferenz Δ (= 1 mm) für dasselbe Biegeteil bei verschiedenen Schneidverfahren mit 1 Vorstation.

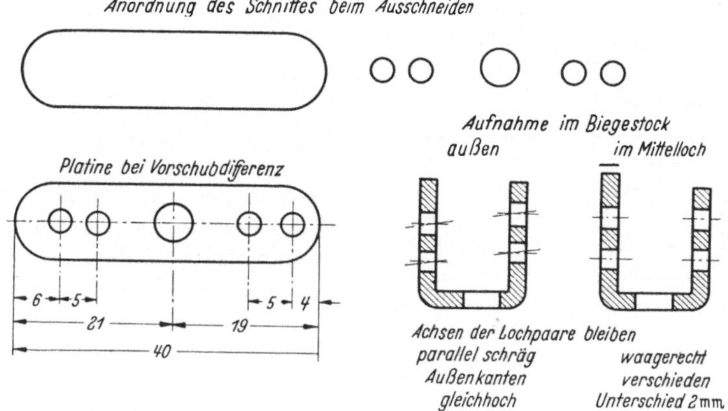

Abb. 182 a—d

Anordnung des Schnittes beim Abschneiden mit Steg, Lochgruppen auf beiden Seiten des Abschneidestempels   auf einer Seite

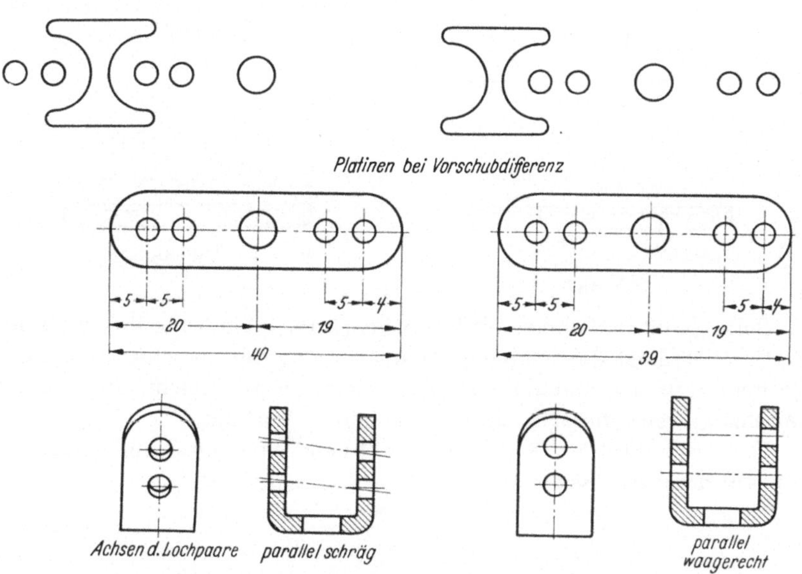

Abb. 183 a—c   Abb. 184 a—c

VIII. Der Schneidgrat bei verschiedenen Schnittverfahren

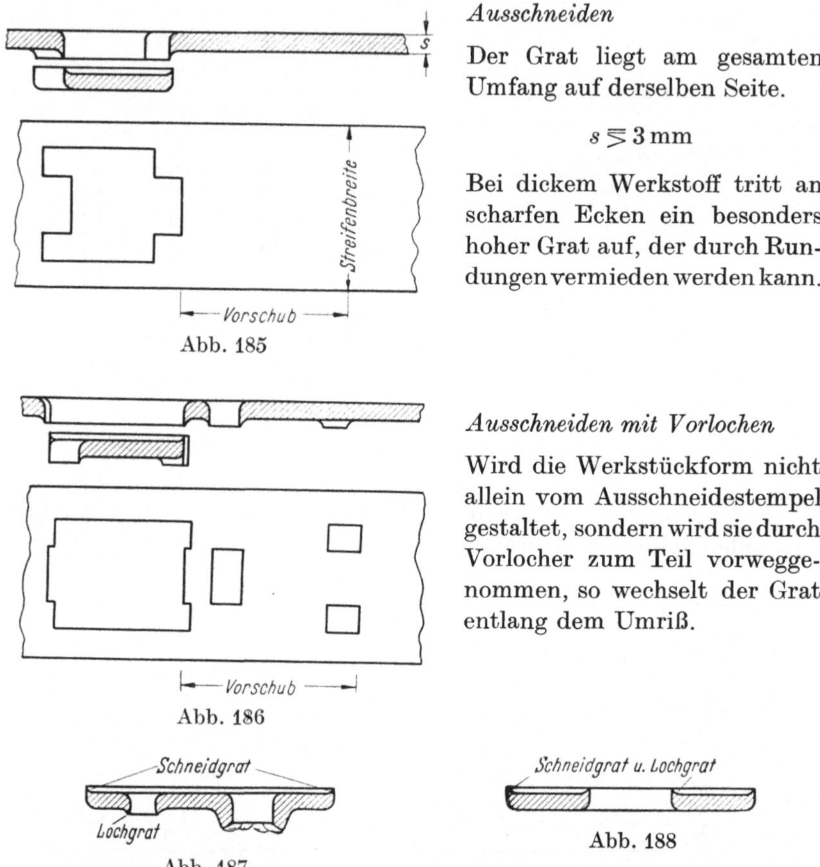

Ausschneiden

Der Grat liegt am gesamten Umfang auf derselben Seite.

$$s \lessgtr 3\,\mathrm{mm}$$

Bei dickem Werkstoff tritt an scharfen Ecken ein besonders hoher Grat auf, der durch Rundungen vermieden werden kann.

Abb. 185

Ausschneiden mit Vorlochen

Wird die Werkstückform nicht allein vom Ausschneidestempel gestaltet, sondern wird sie durch Vorlocher zum Teil vorweggenommen, so wechselt der Grat entlang dem Umriß.

Abb. 186

Abb. 187

Abb. 188

Beim (Kontur-)Schnitt mit Vorlocher (Abb. 187, Löcher innerhalb des Fertigteiles) liegt der Schneidgrat am Umfang auf der einen Seite, der Lochgrat auf der anderen Seite. Der letztere gibt leicht Einrisse am Durchzug, wenn dieser nach der Gratseite hin erfolgt.

Der Gesamtschnitt (Abb. 188) ergibt den Schneidgrat und den Lochgrat auf derselben Seite.

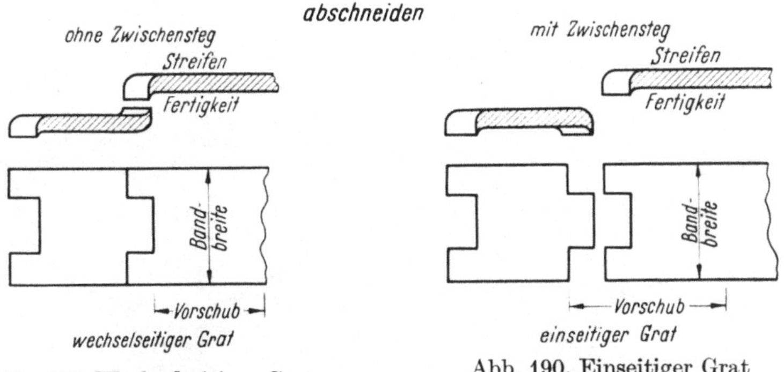

Abb. 189. Wechselseitiger Grat

Abb. 190. Einseitiger Grat

Die Schere und der Abschneider ergeben eine wechselseitige Gratbildung (Abb. 189). Das Abschneideverfahren mit seiner hohen Werkstoffnutzung (bis zu 100%) kann somit nicht angewandt werden, wenn eine wechselseitige Gratbildung nicht zulässig ist (Abb. 191). Das Abtrennen mit Steg (Abb. 190) ergibt an beiden Enden den Grat auf derselben Seite.

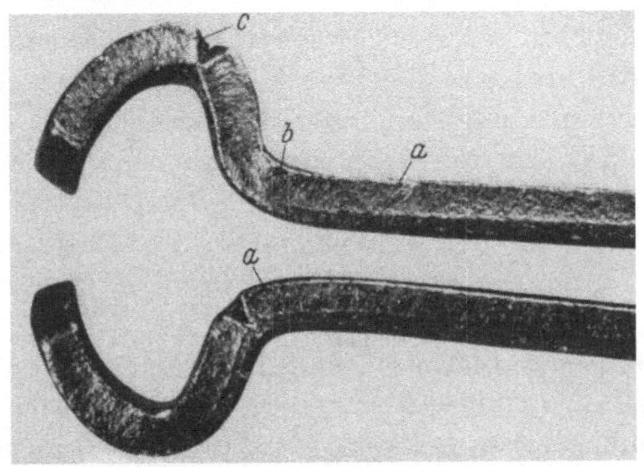

Abb. 191. Schneidgrat bei Biegeteilen

a Gratseite   *b* Aufstauchung an der Innenkante der Biegung   *c* Einriß an der Außenkante der Biegung

Besondere Bedeutung kommt dem Schneidgrat bei Biegeteilen zu.

Der beim Abschneiden entstehende wechselseitige Grat (Abb. 189) erweist sich hier oft hinderlich. Abb. 191 zeigt die beiden Seiten eines solchen Werkstückes. Sobald der Grat an der Außenkante der Biegung liegt, erfolgt der Einriß, während der Grat an der Innenkante diese Folge nicht zeitigt. Diese Erscheinung wird meist mit der größeren Härte auf der Gratseite begründet. Die Kaltverfestigung hat zweifellos hieran entscheidenden Anteil, aber auch der Einfluß der Kerbwirkung darf hierbei nicht unterschätzt werden, denn der abgerissene Schneidgrat ist meist sehr zackig.

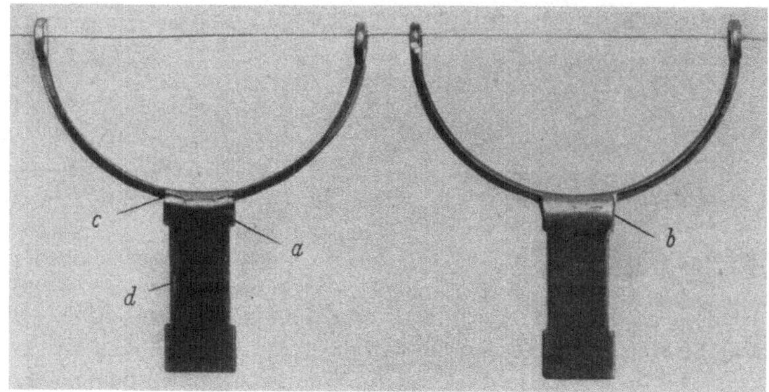

Abb. 192a   Abb. 192b

Abb. 192 zeigt ein schwieriges scharfkantiges Biegeteil. Im Gegensatz zu Abb. 191 wird das Werkstück ausgeschnitten, es hat also den Schneidgrat am ganzen Umfang auf derselben Seite.

Bei Abb. 192a liegt der Schneidgrat an den Kanten der Oberseite entlang (a), deswegen reißt die Außenseite der Biegestelle ein (c).

Bei Abb. 192b liegt der Schneidgrat auf der Unterseite (nicht sichtbar) und die Kanten der Oberseite sind rund. Daher sind beim Biegen keine Einrisse zu befürchten (b).

In Abb. 192a tritt auch die Zone der Kaltverfestigung entlang der Kanten klar hervor (d). Beseitigt man diese, so läßt sich das Werkstück auch mit außenliegendem Schneidgrat einwandfrei biegen. Dabei gelang dies allerdings nur mit geglühten und ungebeizten Teilen. Schon eine geringe Beizsprödigkeit stellte den Erfolg wieder in Frage. Im Schutzgasofen blankgeglühte Werkstücke ließen sich ebenfalls anstandslos verarbeiten.

Der einfachste Weg bleibt aber der innenliegende Schneidgrat nach Abb. 192b, der jedoch bei einer Z-Biegung versagen kann, weil der Grat hierbei zwangsläufig einmal an der Außenkante zu liegen kommt. In diesem Falle muß auf ein scharfkantiges Abbiegen verzichtet werden oder, wie betont, ein Zwischenglühen mit Schutzgas erfolgen.

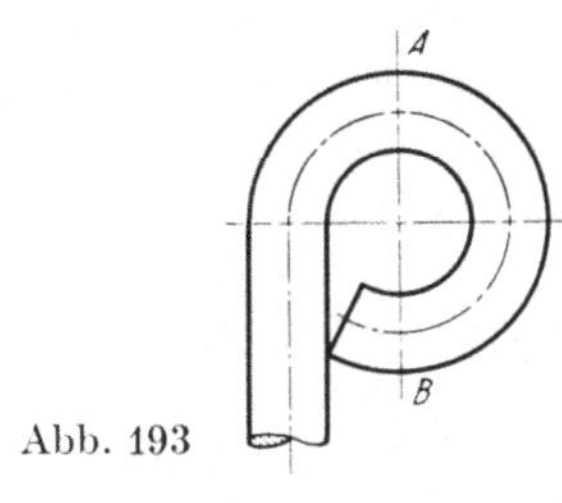

Abb. 193

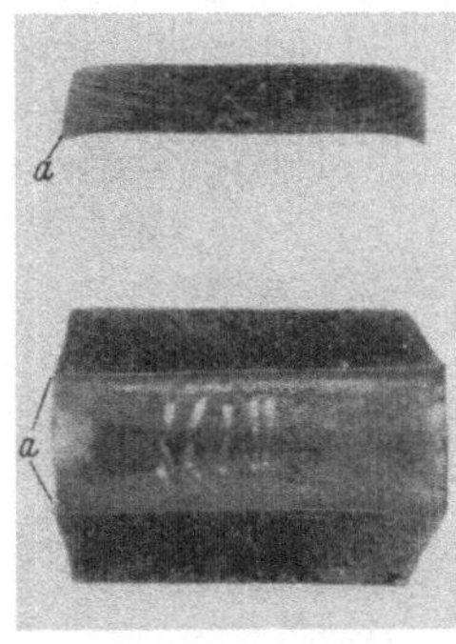

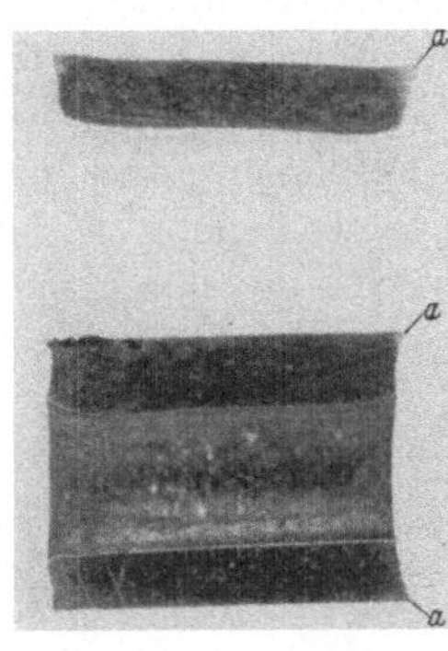

a   b   c

Abb. 194a–c. Rollen eines Zylinders. *a* Gratseite
oben: Blechquerschnitt; unten: Schnitt durch die Rolle

Mindestens gleiche Bedeutung wie bei Biegeteilen kommt dem
Schneidgrat bei gerollten Teilen (Scharnieren) zu. Auch hier neigt der
außenliegende Grat unter Umständen zu Einrissen. Gleichwohl wird in
diesem Falle der Schneidgrat gerne nach außen gelegt, da er hier gewisse
Ausgleichsmöglichkeiten bietet. Beim Rollen eines Zylinders (mit kleinem
Durchmesser) aus Blech (Abb. 193) bleibt die neutrale Faser in ihrer
Querausdehnung unverändert; die Innenkante verbreitert sich infolge
des geringeren Durchmessers, während die Außenkante zurücktritt, wie
dies der Querschnitt Abb. 194a zeigt. Ist der Blechquerschnitt vor dem
Rollen infolge des Schneidgrates und der gegenüberliegenden Abrundung
uneben, so wird diese Erscheinung verstärkt (Abb. 194b), wenn der
Schneidgrat am Innendurchmesser liegt. Dagegen bietet hier der außenliegende Schneidgrat und die innenliegende Rundung eine gewisse Aus-
gleichsmöglichkeit (Abb. 194c).

Beim Stechen verursacht der Schneidgrat des Vorlochers Einrisse (Abb. 187). Beim Tiefziehen kann der Schneidgrat ebenfalls der Ausgangspunkt für Einrisse werden, insbesondere aber vermag der Grat beim Schnittzug das Gleiten der Platine und damit das Ziehen zu verhindern.

Der Schneidgrat ist meist beim Zusammenbau von Bedeutung. Besonders hinderlich ist er, wenn viele Teile gegebenenfalls aus verschiedenartigen Werkstoffen geschichtet werden, wie dies in der Elektrotechnik mit isolierenden Zwischenlagen häufig vorkommt.

Beim Nieten erschwert der Lochgrat das Einführen des Nietes, während die runde Gegenseite dies erleichtert (Abb. 195). Der Grat am Lochrand oder am äußeren Umfang erschwert eine dichte Nietung (Abb. 196).

In gleicher Weise behindert ein Schneidgrat am äußeren Umfang das Punktschweißen durch Bildung eines Luftspaltes zwischen den zu verschweißenden Blechen (Abb. 197). Dagegen läßt sich beim Nahtschweißen der Grat manchmal nutzen und kann hier eine leichte Bördelkante ersetzen (Abb. 198).

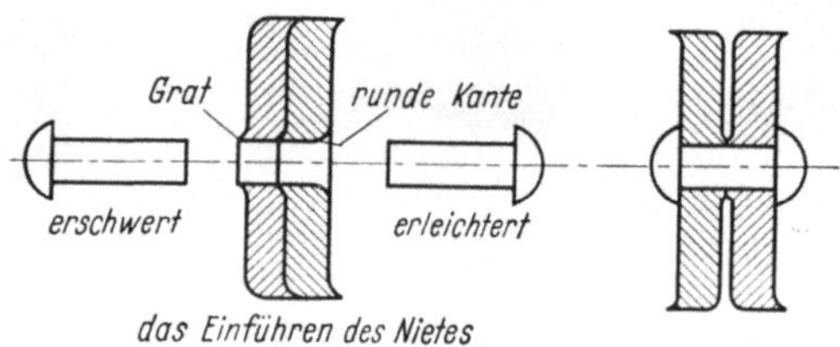

Abb. 195 u. 196. Nieten von Blechen mit Grat

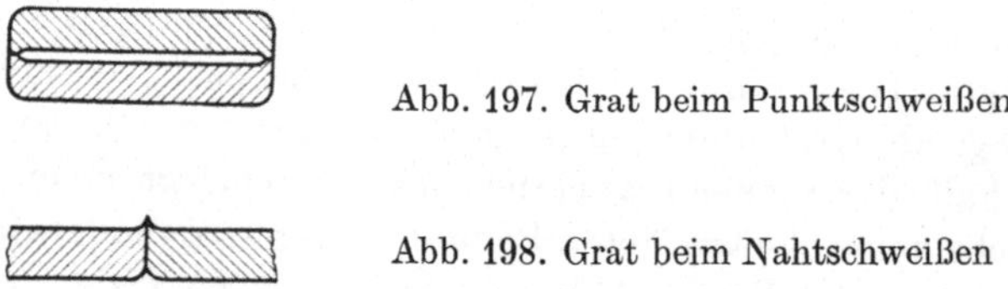

Abb. 197. Grat beim Punktschweißen

Abb. 198. Grat beim Nahtschweißen

Das unterschiedliche Aussehen der abgerundeten Seite und der Gratseite desselben Werkstückes ist wohl in der Lage, den Verkaufswert und Gebrauchswert zu beeinflussen; der Schneidgrat kann sich durch Fingerverletzungen, Beschädigung von polierten oder lackierten Flächen und dgl. sehr unliebsam bemerkbar machen.

Ein geprägter Wulstrand (Abb. 199) wirkt bei oben liegendem Schneidgrat kantig, während bei unten liegendem Schneidgrat die andere

Abb. 199. Schneidgrat und Wulstrand

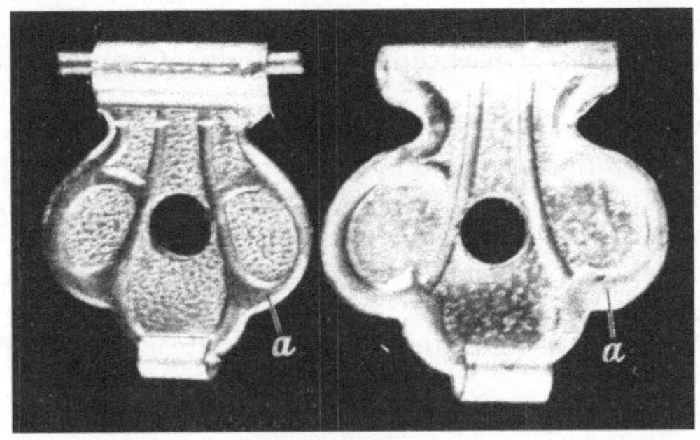

Abb. 200. Schneidgrat und Wulstrand
links: Schneidgrat liegt unten, wirkt rund (*a*),   rechts: Schneidgrat liegt oben, wirkt kantig (*a*)

gerundete Blechseite die Wulst rundet. Abb. 200 zeigt solche geprägten Teile, welche nachträglich in entgegengesetzter Richtung beschnitten sind.

Schrifttum

A. Bücher

[1] ADB-Vorträge. Stoffersparnis in der Werkstatt. Berlin: VDI-Verlag 1935.

[2] AEG-Norm. 175 Winke für den Konstrukteur. Berlin: 1927.

[3] AWF-Blätter des Ausschusses für Stanzereitechnik. Berlin: Beuth-Vertrieb, insbesondere AWF 5971: Richtlinien für Werkstoffersparnis bei Schnitt- und Stanzteilen.

[4] Bone, E.: Aus der Praxis des Werkzeugmachers in der Stanzerei. Werkstattkniffe, Folge 10. München: Hanser 1952.

[5] Bruins, D. u. H. Sünkler: Fertigungskunde für Metallverarbeitende Berufe. Teil 3: Spanloses Formen. Essen: Girardet 1954.

[6] Callenberg: Das Ausschneiden von gedrückten und gezogenen Gegenständen. Leipzig: F. Stoll jr.

[7] Deutscher Normenausschuß. Heft 18: Stanzereitechnik. Berlin: Beuth-Vertrieb 1950.

[8] Deutsche Normen:
Entwurf DIN 6930 Technische Lieferbedingungen für Stanzteile.
Entwurf DIN 6932 Zieh- und Stanzteile aus Stahl. Gestaltungsregeln.
Entwurf DIN 6935 Abkanten und Biegen von flach gewalzten Stählen.
Entwurf DIN 6936 Streifen aus flach gewalztem Stahl geschnitten.
Entwurf DIN 6937 Rechteckige und kreisförmige Teile aus flach gewalztem Stahl geschnitten.
Entwurf DIN 6938 Vieleckige Teile aus flach gewalztem Stahl geschnitten.
Entwurf DIN 6939 Mittellöcher in ebenen Teilen aus flach gewalztem Stahl.
Entwurf DIN 6940 Löcher und Lochgruppen in ebenen Teilen und Profilen aus flach gewalztem Stahl.
Entwurf DIN 6941 U-, L-, Z-Profile aus flach gewalztem Stahl kalt gebogen oder abgekantet.
Entwurf DIN 6942 U-, L-, Z-Profile aus flach gewalztem Stahl kalt formgestanzt.
Entwurf DIN 6943 U-, L-, Z-Profile aus flach gewalztem Stahl warm formgestanzt.
Entwurf DIN 6944 Hutprofile aus flach gewalztem Stahl kalt oder warm formgestanzt.
Entwurf DIN 6945 Napfförmige Teile aus flach gewalztem Stahl warm gezogen.

[9] Gabler, P.: Die Stanzereitechnik in der feinmechanischen Fertigung. München: Hanser 1951.

[10] Glück, L.: Die Berechnung des Werkstoffverbrauches bei gestanzten, gezogenen und gedrehten Gegenständen im Bereich der Metallindustrie. Berlin: Springer 1923.

[11] Göhre, E.: Werkzeuge und Pressen der Stanzerei. Teil I: Werkzeuge zum Biegen, Schneiden und Ziehen. Berlin: VDI-Verlag 1939.

[*12, 13*] Göhre, E.: Schnitte und Stanzen. Bd. 1: Schnitte, Bd. 2: Biegestanzen und Biege-Verbundwerkzeuge. Leipzig: Spamer 1930.

[*14*] —: Leitungssteigerung und Ausschußminderung in der Stanzerei. München: Hanser 1953.

[*15*] Heesch, E. u. H.; Loef J.: System einer Flächenteilung und seine Anwendung zum Werkstoff- und Arbeitssparen. Moosburg: Pichelmayer 1944.

[*16, 17*] Hilbert, H.: Stanzereitechnik. Bd. 1: Schneidende Werkzeuge. München: 1954. Bd. 2: Umformende Werkzeuge. München: Hanser.

[*18*] —: Die Vorkalkulation in der Stanzereitechnik. München: Hanser 1950.

[*19*] —: Der runde Ausschnitt. Stanzereischriften, Folge 1. München: Hanser 1947.

[*20*] —: Die Berechnung des Schwerpunktes. Stanzereischriften, Folge 2. München: Hanser 1949.

[*21*] —: Die Befestigungselemente im Stanzerei-Werkzeugbau. Stanzereischriften, Folge 3. München: Hanser 1953.

[*22*] Jaschke, J.: Blechabwicklungen. Eine Sammlung praktischer Verfahren. 18. Aufl. Berlin/Göttingen/Heidelberg: Springer 1955.

[*23–25*] Kaczmarek, E: Praktische Stanzerei. Berlin/Göttingen/Heidelberg: Springer. Bd. 1: Schneiden, Flachstanzen und zugehörige Werkzeuge und Maschinen, 4. Aufl. 1954. Bd. 2: Ziehen, Hohlstanzen, Pressen, automatische Zuführ-Vorrichtungen, 4. Aufl. 1954. Bd. 3: Verbundwerkzeuge, automatische Zuführmittel und Fließweganlagen. 1954.

[*26*] Kotthaus, H.: Betriebstechnisches Taschenbuch. München: Hanser 1948.

[*27–29*] Krabbe, E.: Stanztechnik. 1. Teil: Schnittechnik. Technologie des Schneidens. Die Stanzerei. 3. Aufl. 1953. Werkstattbücher, H. 44. 2. Teil: Die Bauteile des Schnittes. Werkstattbücher, H. 57 (geplant). 3. Teil: Grundsätze für den Aufbau von Schnittwerkzeugen. Werkstattbücher, H. 59 (geplant). Berlin/Göttingen/Heidelberg: Springer.

[*30*] Meissler, L.: Erprobte Sonderwerkzeuge aus der Stanzereitechnik. Werkstattkniffe, Folge 16. München: Hanser 1954.

[*31*] Musiol, K.: Rechnerische und zeichnerische Methode der Zuschnittsentwicklung in der Ziehpressentechnik. Leipzig: F. Stoll jr. 1902.

[*32*] Oehler, G. W.: Das Blech und seine Prüfung. Berlin/Göttingen/Heidelberg: Springer 1953.

[*33*] —: Gestaltung gezogener Blechteile. Konstruktionsbücher, Bd. 11. Berlin/Göttingen/Heidelberg: Springer 1951.

[*34*] —: Universal-Schnitt- und Stanzwerkzeuge. München: Hanser 1950.

[*35*] —: Die Beseitigung des Ausschusses beim Ziehen von Hohlkörpern. Berlin: NEM-Verlag Dr. G. Lüttke 1938.

[*36*] Oehler, G., u. F. Kaiser: Schnitt-, Stanz- und Ziehwerkzeuge. 2. Aufl. Berlin/Göttingen/Heidelberg: Springer 1954.

[*37*] Oehme, K.: Erfahrungen aus dem Stanzereiwerkzeugbau. Werkstattkniffe, Folge 11. München: Hanser 1950.

[*38*] Ostwald, W.: Die Harmonie der Formen. Leipzig: Unesma 1922.

[*39–41*] —: Die Welt der Formen (3 Mappen). Leipzig: Unesma 1922/23.

[*42*] Rabe, K.: Spanlose Formung. Bd. 2, 3. Teil: Stanzerei. Wittenberg: Ziemsen 1944.

[*43, 44*] Richard, A.: Berechnung und Konstruktion von Tiefzieh- und Stanzwerkzeugen. 1. u. 2. Teil. Zürich: Winter 1949.

[*45*] Richter, O. u. von Voss: Bauelemente der Feinmechanik. Berlin: VDI-Verlag.

[*46*] Ruhrmann, E.: Bördeln und Ziehen in der Blechbearbeitungstechnik. Berlin: VDI-Verlag 1926.

[*47*] Sachs, G.: Spanlose Formung der Metalle. Berlin: Springer 1931.

[*48*] Schroeder, A.: Richtlinien feinmechanischer Konstruktion und Fertigung. Berlin: Uniondtsch. Verlagsges. Roth & Co. 1938.

[*49*] Schroeder, J.: Die Aufteilung der Normaltafel 1000 · 2000 mm für runde Ausschnitte. 1937.

[*50*] L. Schuler AG: Taschenbuch für wirtschaftliche Blechbearbeitung. Göppingen: L. Schuler AG 1937.

[*51*] Sellin, W.: Handbuch der Ziehtechnik. Berlin: Springer 1931.

[*52*] —: Tiefziehtechnik. 4. Aufl. Werkstattbücher, H. 25. Berlin/Göttingen/Heidelberg: Springer 1955.

[*53*] —: Stanztechnik. 4. Teil: Formstanzen. 2. Aufl. Werkstattbücher, H. 60. Berlin/Göttingen/Heidelberg: Springer 1949.

[*54*] —: Metalldrücken. Werkstattbücher, H. 117. Berlin/Göttingen/Heidelberg: Springer 1955.

[*55*] Siebel, E. u. A. Pomp: Über den Kraftverlauf beim Tiefziehen und bei der Tiefungsprüfung. Düsseldorf: Stahleisen 1929.

[*56*] Siebel, E.: Die Formgebung im bildsamen Zustand. Düsseldorf: Stahleisen 1932.

[*57*] Sieker, K. H.: Fertigungs- und stoffgerechtes Gestalten in der Feinwerktechnik. Konstruktionsbücher, 13. Bd. Berlin/Göttingen/Heidelberg: Springer 1954.

[*58*] Sommer, M.: Versuche über das Ziehen von Hohlkörpern. Berlin: VDI-Verlag 1926.

[*59*] Maschinenfabrik Weingarten: Ausgewählte Kapitel der spanlosen Formung für Konstruktion und Betrieb. Weingarten: Maschinenfabrik Weingarten 1937.

[*60*] Werkstattblätter. München: Hanser.

[*61*] Wildener, A.: Der Werkzeug-, Schnitt- und Stanzenbau in der Massenfabrikation. Leipzig: Leiner 1935.

[*62*] Zimmermann: Grundlehrgang Zuschnittermittlung für Blechverarbeitung. Weinheim: Beltz 1956.

B. Aufsätze in Zeitschriften

Archiv für Metallkunde

[*63*] Sieker, K. H.: Spanlose Werkstofformung und Bauteilgestaltung in der Feinwerktechnik (1948) S. 87—93.

Feinmechanik und Präzision

[*64*] Gabler, P.: Die Stanzereitechnik im Dienste der Werkstoff- und Lohnersparnis Bd. 50 (1942) S. 133—138.

Industrie-Anzeiger (Verlag W. Girardet, Essen)

[*65*] Gönner, O.: Das Brennschneiden im Vorrichtungs- und Werkzeugbau (1950) S. 257—258.

[*66*] Heesch. H.: Flächenteilung als Mittel der Rationalisierung (1950) S. 389—390.

[*67*] Hilbert, L.: Grundsätzliche Hinweise für die Schnitteilanordnung (1950) S. 794—796.

Maschinenbau / Betrieb

[*68*] Vergen, E.: Automatisierung in der Stanzerei Bd. 21 (1942) S. 185—190.

Mitteilungen der Forschungsgesellschaft Blechverarbeitung e. V., Düsseldorf

[*69*] Kienzle, O.: Flächenschluß (1950) S. 3—5.

[*70*] —: Die Versteifung ebener Böden und Wände aus Blech (1955) S. 77—83.

[71] KIENZLE, O.: Gestaltungsrichtlinien und Fertigungsmöglichkeiten bei Blechgegenständen (1955) S. 153–160.

[72] SCHACHTEL, FR.: Der Schneidgrad (1954) S. 114–118.

[73] —: Trägheitsmomente und Versteifungsrippen bei Blechprofilen (1952) S. 69–73.

[74] —: Trägheitsmomente bei U-Blechprofilen. (1952) S. 129–134.

[75] —: Trägheitsmomente bei Hut- und C-Profilen (1952) S. 189–195.

[76] —: Die Versteifung ebener Böden und Wände aus Blech (Diskussionsbeitrag) (1955) S. 185–190.

Nachrichten von der Gesellschaft der Wissenschaften zu Göttingen

Mathematisch-Physikalische Klasse

[77] HILBERT, D.: Mathematische Probleme auf dem Mathematischen Kongreß zu Paris 1900. Nr. 18: Aufbau des Raumes aus kongruenten Polyedern 1900.

[78] HEESCH, H.: Über topologisch reguläre Teilungen geschlossener Flächen Bd. 2 Nr. 27 (1932) S. 268.

[79] —: Über Raumteilungen. Neue Folge Bd. 1 Nr. 2 (1934) S. 35–42.

[80] —: Aufbau der Ebene aus kongruenten Bereichen. Neue Folge Bd. 1 Nr. 6 (1935) S. 115–117.

[81] KOLMOGOROFF, A.: Zur topologisch-gruppentheoretischen Begründung der Geometrie Bd. 1 Nr. 8.

VDI-Zeitschrift

[82] El.: Werkstoff- und Arbeitszeitersparnis an Eisenkernblechen Bd. 87 (1943) S. 56.

[83] —: Abfallminderung an Stanz- und Ziehteilen Bd. 87 (1943) S. 438/439.

[84] —: VDI-Lehrschau-Leistungssteigerung Bd. 87 (1943) S. 337–340; 401/402.

Werkstatt und Betrieb (Carl Hanser Verlag, München)

[85] FAENSEN, H.: Die Materialeinteilung bei der spanlosen Formung in der Automobilproduktion (1953) S. 133–136.

[86] HILBERT, H.: Der Verschnitt in der Stanzerei (1950) S. 373/374.

[87] KELLER, F.: Der Einfluß des Schneidspaltes beim Lochen von Stahlblech auf die Abmessungen des Loches und des Butzens (1951) S. 479–482.

[88] —: Die Beeinflussung der Beschaffenheit der Trennfläche beim Lochen von Stahlblech durch die Größe des Schneidspaltes (1952) S. 311–313.

[89] MEINING, K.: Stanzabfallverwertung, ein Weg zur Rationalisierung unserer Betriebe (1953) S. 712.

[90] STRASSER, FREDERICO: Verlustloser Abschneideschnitt (1952) S. 110.

Werkstattechnik und Maschinenbau

[91] KIENZLE, O.: Der Flächenschluß (1949) S. 352–357.

[92] VOIGTLÄNDER, O.: Das „Spalten" von Schmiedeflachstahl (1952) S. 139/140.

[93] SCHACHTEL, FR.: Werkstoffersparnisse in der Blechverarbeitung durch Flächenschluß nach DR. H. HEESCH. Zeitschrift für wirtschaftliche Fertigung (1957) S. 81–84.

Sachverzeichnis